V&R

Handlungskompetenz im Ausland

herausgegeben von
Alexander Thomas, Universität Regensburg

Vandenhoeck & Ruprecht

Claude-Hélène Mayer
Christian Martin Boness
Alexander Thomas

Beruflich in Südafrika

Trainingsprogramm für Manager, Fach- und Führungskräfte

Mit 3 Karten und 4 Tabellen

Vandenhoeck & Ruprecht

Die 10 Cartoons hat Jörg Plannerer gezeichnet.

Bibliografische Information Der Deutschen Bibliothek

Die Deutsche Bibliothek verzeichnet diese Publikation in der Deutschen Nationalbibliografie; detaillierte bibliografische Daten sind im Internet über <http://dnb.ddb.de> abrufbar.

ISBN 3-525-49057-7

Satz: Satzspiegel, Nörten-Hardenberg
Druck und Bindung: Hubert & Co., Göttingen

Gedruckt auf alterungsbeständigem Papier.

Inhalt

■ Vorwort

Prozesse zunehmender Globalisierung in den Bereichen Kommunikation, Wirtschaft, Gesellschaft und Umwelt führen uns täglich vor Augen, dass wir in einem globalen Dorf leben. Immer mehr Menschen suchen und finden ihren Arbeitsplatz oder ihr unternehmerisches Engagement außerhalb nationaler Grenzen. Für den weltweit zweitgrößten Exporteur Deutschland bieten sich Chancen für neue Produktionsstätten und Absatzmärkte. Auf dem größten *emerging market* des afrikanischen Kontinents, der Republik Südafrika, tut sich seit Überwindung des Apartheidregimes eine Fülle von Möglichkeiten für deutsche Unternehmer und Fachkräfte der Entwicklungszusammenarbeit auf.

Doch stellt sich immer wieder heraus, dass der Enthusiasmus engagierter Führungskräfte getrübt wird, weil die Beziehungen zu Geschäftspartnern und Counterparts nicht so verlaufen, wie es für das Gelingen der Vorhaben günstig wäre. Denn nicht nur Sachkompetenz oder ein marktgängiges Produkt sind notwendige Voraussetzungen, sondern auch Grundlagen kultureller Handlungskompetenz. Sie ist genau dann gefragt, wenn es um Kommunikations- und Arbeitsstile geht, wenn Entscheidungen anliegen, die Standorte, Anlagen oder Personal betreffen.

Entsandte Mitarbeiter, die unzureichend auf die südafrikanische Kulturenvielfalt vorbereitet sind, können meist erst – wie einschlägige Untersuchungen nachgewiesen haben – nach etwa zwei Jahren ihren Auftrag in der beabsichtigten Weise erfüllen. Selbst dabei ist noch fraglich, ob sie in der Lage sind, das sich bietende Ressourcenpotenzial optimal auszuschöpfen. Eine angemessene Vorbereitung kann diesen Zeitraum der kulturellen Anpassung erheblich verkürzen und die Effizienz steigern. Das vorliegende Trainingshandbuch soll einen Beitrag dazu leisten, kulturbedingte Missverständnisse, Konflikte und Vorurteile zu minimieren und die Erfolgsaussichten eigenen Engagements zu erhöhen. Es ist damit zu rechnen, dass bei den südafrikanischen Partnern nicht nur ein kritikloses Interesse an westlichen Investitionen und karitativen Bemühungen besteht, sondern auch eine fühlbare Skepsis und Zurückhaltung diesen Aktivitäten gegenüber besteht, die sich aus der Geschichte der südafrikanischen Politik bis 1994 und aus dem Leid erklärt, das diese Politik verursachte.

Die Grundlagen für die Entwicklung des Trainingsbuches bestehen daher neben jüngst zugänglichen Zahlen, Daten und Fakten über Südafrika auch in zahlreichen Interviews mit Angehörigen der Bevölkerungsgruppen der *Farbigen* (Coloureds), *Schwarzen* (Blacks), *Inder* (Indians) und *Weißen* (Whites) englischer und burischer Abstammung. Für ihre Beteiligung an diesem Vorhaben sei an dieser Stelle allen Informanten gedankt. Entstanden ist das vorliegende Buch im Rahmen eines dreijährigen ethnologischen Forschungsprojekts der Universität Göttingen.

Substanzielle Beiträge zum Gelingen des Buches haben die Südafrikaner Trevor John Edmonds und Andrew Raymond Lewin geleistet, die eine landestypische Perspektive sowohl selbstständiger als auch abhängiger Arbeit beisteuerten. Ohne die fachlichen Informationen des Vorsitzenden des Vereins Deutscher Unternehmer, Herrn Klaus Pusch, und der Vertreterin der Deutschen Industrie- und Handelskammer am Kap, Frau Anja Spandern, hätte das Buch wohl nicht diese Fülle kulturellen Erfahrungswissens beinhalten können. Die Lesergemeinschaft des vorliegenden Trainingsprogramms wird dazu eingeladen, das hier angebotene Material in Handlungskompetenz zu überführen.

Claude-Hélène Mayer
Christian Martin Boness
Alexander Thomas

PLANNERER

Einleitung

Was sind 324 Tage Sonnenschein, Nelson Mandela und Wildreservate mit zahlreichen Löwen und Elefanten wert, wenn schwer verdientes Geld in einem bodenlosen Loch verschwindet? So oder ähnlich wird oft im Vorfeld einer Investition in Südafrika gefragt. Um es vorwegzunehmen: Die Realität für Investoren sieht bedeutend anders, besser aus. Aber es geht nicht so sehr darum, sich ein Bild über die Wirtschaft Südafrikas zu machen und Zahlen, Daten, Fakten und Prozesse zu kennen. Es geht um Begegnungen mit Menschen einer sehr differenzierten Kultur und Geschichte, die das Netzwerk um Sie herum bilden, in dem Sie leben und sich wohl und sicher fühlen wollen.

Was denken Sie, wenn Ihr Gesprächspartner, dem Sie eine konkrete Frage gestellt haben, nicht auf den Punkt kommt, sondern »drumherum« redet? Was fühlen Sie, wenn Ihr Gegenüber Sie bei der Begrüßung keines Blickes würdigt? Wie verhalten Sie sich, wenn Ihre muslimischen Geschäftspartner zögern, Ihrer Esseneinladung zu folgen? Auf diese und ähnliche Fragen und Situationen müssen Sie sich einstellen, wenn Sie als Manager, Fach- oder Führungskraft in Südafrika ein Unternehmen gründen, in ein Joint Venture einsteigen, eine Tätigkeit im Bereich der Entwicklungszusammenarbeit aufnehmen oder den *black market* erkunden wollen, um in naher Zukunft angemessen investieren zu können. Sie können Ihre Chance nutzen und einen guten und effektiven Start in Ihrem neuen Arbeitsfeld Südafrika finden und von Beginn an zufrieden stellende Kontakte zu Ihren Partnern und Mitarbeitern knüpfen.

Alle kulturellen Gemeinschaften, die Sie in der südafrikanischen Gesellschaft finden können, halten so manche Überraschung für Angehörige anderer Kulturen bereit. Nicht nur im alltäglichen Leben, sondern besonders im Bereich der Arbeitswelt sollten Sie gut auf das, was auf Sie zukommt, vorbereitet sein. Dabei geht es darum zu erkunden, welche kulturellen Hintergründe, welche religiösen Praktiken, welche unterschiedlichen Wahrnehmungen über Themen wie Höflichkeit, Zeit, soziale Gerechtigkeit vorliegen. Es geht aber auch darum, welche der diversen Sprachen Südafrikas in wirtschaftlich interessanten Regionen gesprochen werden.

Sie werden dann von Anfang an erfolgreich sein,

- wenn Sie offen sind für das, was Ihnen von Ihren Gesprächspartnern entgegengebracht wird,
- wenn sie wissen, wie unternehmerische Entscheidungsprozesse ablaufen und unter welchen Bedingungen Unternehmensziele erreicht werden können,
- wenn Sie berücksichtigen, welche kulturspezifischen und religiösen Orientierungen beachtet werden müssen, falls Sie beispielsweise Mitarbeiter einstellen oder entlassen wollen.

Vor zentraler Bedeutung für den in diesem Buch benutzten Ansatz ist die Auffassung von Kultur als spezifischem Orientierungssystem. Dieses Orientierungssystem enthält kulturelle Elemente, die in einer systemstrukturierenden Weise aufeinander bezogen sind. Sie wirken komplexitätsreduzierenden und handlungsleitend. Diese kulturellen Elemente werden als Kulturstandards bezeichnet und folgendermaßen definiert (Thomas 1999, S. 114):

»Kulturstandards können aufgefaßt werden, als die von den in einer Kultur lebenden Menschen untereinander geteilten und für verbindlich angenommenen Normen und Maßstäbe zur Ausführung und Beurteilung von Verhaltensweisen. Kulturstandards wirken als Maßstäbe, Gradmesser, Bezugssysteme und Orientierungsmerkmale. Kulturstandards sind die Zentralen Kennzeichen einer Kultur, die als Orientierungssystem des Wahrnehmens, Denkens und Handels dienen. Kulturstandards bieten den Mitgliedern einer Kultur Orientierung für das eigene Verhalten und ermöglichen zu entscheiden, welche Verhalten als normal, typisch, noch akzeptabel anzusehen bzw. welches Verhalten abzulehnen ist.«

In diesem Buch haben wir für Sie Trainingseinheiten mit achtzehn Situationen zusammengestellt, welche die wichtigsten Themenfelder behandeln, mit denen Sie zu tun haben werden, wenn Sie sich als Newcomer in der Heterogenität der südafrikanischen Gesellschaft bewegen. Alle Namen von Personen, Orten und Organisationen, die in den einzelnen Situationen genannt werden, sind zwar aus Datenschutzgründen frei erfunden, es handelt sich aber um typische Situationen, denen Sie immer wieder begegnen werden. Die beispielhaften Situationen sind also bis zu einem gewissen Grad verallgemeinerbar.

Die vorliegenden Trainingseinheiten beschreiben relevante Handlungsfelder für Fach- und Führungskräfte und sind in Anlehnung an die *Culture-Assimilator-Methode* (CA) formuliert worden: Diese bewährte Methode interkulturellen Lernens findet seit über zwanzig Jahren auch in Deutschland Anwendung und ist in dieser Zeit immer weiterentwickelt worden (vgl. Thomas 1996; Thomas et al. 2003). Sie ist auf Personen zugeschnitten, die mit relativ wenigen Vorkenntnissen einen Überblick über kulturspezifische Felder und praxisnahe Handlungsmöglichkeiten in Bereichen interkulturellen Zusammentreffens erwerben möchten.

Jede Trainingseinheit enthält kleine Geschichten, die eine Begegnung zwischen Deutschen und Südafrikanern erzählen. Alle Geschichten zeichnen sich durch Irritationen aus, die auf Seiten der deutschen Partner entstehen, aber gleichzeitig nicht in ihrer Tiefe erfasst werden. Da die *Culture-Assimilator-Methode* Teil eines Selbstlernprogrammes ist, wird im Anschluss an die jeweilige Begegnungssituation eine *Leitfrage* aufgeworfen, der drei *Erklärungsalternativen* folgen. Sie sind nun aufgefordert, diese Alternativen einzeln im Hinblick auf den Grad ihrer Plausibilität einzuschätzen. Anschließend werden Ihnen *Rückmeldungen zu den Erklärungsalternativen* präsentiert. Sie erhalten so Gelegenheit, Ihre Einschätzungen, die Sie auf den Skalen vorgenommen haben, im Spiegel dieser Rückmeldungen zu betrachten. Dazu enthalten diese Rückmeldungen Hinweise auf vertiefende Kenntnisse zum Verständnis der konkreten Situation. Zusätzlich zu den Rückmeldungen finden Sie im Anschluss an die sechs Trainingseinheiten jeweils weitere instruktive *kulturelle Hintergrundinformationen* zu Aspekten wie:

- kommunikative Varianz,
- Regel- und Hierarchieorientierung,

- *Ubuntu* – soziales Netzwerkmanagement,
- Konfliktpotenzial durch »ethnische Diversität«,
- Kollektives Kapitalmanagement,
- *Indaba* – ein afrikanischer Konsens-Entscheidungsprozess,
- das afrikanische Konzept zur Zeit,
- Religion und Spiritualität in *bantu*-sprachigen Ethnien.

In zwei Exkursen werden Besonderheiten muslimischer und jüdischer Gemeinschaften in Südafrika beleuchtet, weil sie für das Verhalten in privaten und geschäftlichen Begegnungssituationen von besonderer Bedeutung sein können. Dazu erhalten Sie Hinweise zu Ihrer persönlichen Sicherheit, die für Sie als Führungskraft in Südafrika für den Einstieg in diese vielfältige Gesellschaft praktisch relevant sind. In der nun folgenden Einleitung bekommen Sie Schlüsselinformationen über

- politische Rahmenbedingungen,
- kulturelle Vielfalt in Geschichte und Gegenwart,
- Regionen und wirtschaftliche Zentren,
- Blitzlichter der Wirtschaft: Aktivitäten deutscher Unternehmen in Südafrika.

Mit Hilfe dieser Informationen und den *Culture-Assimilator*-Übungen wird es Ihnen leichter fallen, einen sicheren und effektiven Einstieg in die neue Kultur zu finden und Ihre Handlungskompetenz vor Ort über die kognitive Auseinandersetzung mit anderem Kulturwissen als Ihrem eigenen zu steigern.

Wir wünschen Ihnen viel Freude und Erfolg bei der Bearbeitung der Trainingseinheiten und Ihrem Engagement in Südafrika!

■ Politische Rahmenbedingungen

Whiteness, like blackness, is neither pure monolithic.
It must be seen as a racialised identity,
if only in terms of the advantage that being white brings to it.
Marie Helene Laforest

Zu Beginn der neunziger Jahre erlebte die Welt die politische Wende- und Umbruchsituation Südafrikas als große Erleichterung und als Symbol der Befreiung von der Kolonialzeit. Das Wirtschaftsembargo wurde aufgehoben, Chiquita-Bananen wurde wieder ein Platz auf der Liste »politisch korrekter« Waren eingeräumt: Südafrika wurde zum neuen Ziel deutscher Unternehmen, sei es im Hinblick auf Exporte, Importe oder neue Investitionsmöglichkeiten.

Unternehmer begegnen heute einem neuen Schlagwort, das in der westlichen Welt seit Mitte der neunziger Jahre mit der neuen Nation assoziiert wird: Südafrika als Regenbogennation. Diese trägt seit der Wende jedoch nicht nur die leuchtenden Farben ihrer neuen Philosophie (»unity in diversity«), sie steht ebenfalls für liberale Demokratie mit den Grundprinzipien der individuellen Autonomie, der Gleichheit, Freiheit und des Respekts von den Grundrechten und sie steht für dieaufeinander stoßenden Werte der Vielfalt unterschiedlichster Ethnien, die um ihre Identität kämpfen (More 1998, S. 364).

Südafrika befindet sich in einer schwierigen Phase der Vergangenheitsbewältigung, der *Reconciliation,* in der es einen Weg sucht, ethnische und *rassische* Zugehörigkeiten und Traditionen zu erhalten, ohne diese wie in der Vergangenheit mit Rangordnung, Ausbeutung oder individueller Diskriminierung in Verbindung zu bringen. Dieser Kampf um eine neue positive und hoffnungsvolle Zukunft Südafrikas zeigt sich hinsichtlich des Arbeitslebens in der Gesetzesinitiative zur *affirmative action* (siehe Situation 8) und im alltäglichen Ringen auf dem Weg zu einem friedlichen, gemeinsamen Zusammenleben der Gruppen.

Die südafrikanische Verfassung garantiert allen Bürgern die universalistischen Prinzipien der grundlegenden Menschenrechte

– unabhängig von *Rasse*, Geschlecht oder Herkunft. Doch schon allein die Erwähnung des *Rasse*-Begriffs in regierungsamtlichen Verlautbarungen und Veröffentlichungen macht deutlich, dass weiterhin in dieser Kategorie gedacht wird – auch wenn *Rasse* nun als soziales Konstrukt und nicht mehr als natürliches Phänomen verstanden wird. Es ist erstaunlich festzustellen, wie viele Menschen sich weiterhin den in der Apartheid gegeneinander abgegrenzten Kategorien der *Weißen* (Whites), *Farbigen* (Coloureds), *Inder* (Indians) und *Schwarzen* (Blacks) zuordnen. Ein Blick auf die oben genannten Kategorien zeigt folgende Verteilung:

Tabelle 1: Bevölkerungsgruppen (Fadiman 2000)

Bevölkerungsgruppen	**Prozentualer Anteil in Südafrika**
Schwarze	77 %
Farbige	8,5 %
Weiße	13 %
Inder	2,5 %

Hinter diesen vier Kategorien verstecken sich weitere unterschiedliche Religionszugehörigkeiten, Sprach- und ethnische Gruppen. Da all diese verdeckten Elemente Besonderheiten im Umgang mit den Gesprächspartnern mit sich bringen, folgt im nächsten Kapitel ein kurzer Einblick zum Thema der ethnischen Diversität.

Kulturelle Vielfalt in Geschichte und Gegenwart

There is no such thing as the black »race«,
Blackness, whiteness and colouredness exist,
but they are cultural, historical and political identities.
Zimitri Erasmus (2001)

Ein kurzer Einblick in den historisch-politischen und sozialen Werdegang des Landes macht das Ausmaß der Heterogenität der südafrikanischen Gesellschaft in Geschichte und Gegenwart sichtbar. Diese Heterogenität spiegelt sich heute unter anderem in den nationalen und regionalen Politiken, speziell in der Sprachenpolitik.

Bis heute ist Südafrika stark durch seine politische und kulturelle *Geschichte* geprägt, die sich in hoch komplexer Form in allen Lebensbereichen niederschlägt. In den letzten einhunderttausend Jahren haben in Südafrika fast immer kleine Gruppen von Jägern und Sammlerinnen gelebt, zu denen auch die *San,* die so genannten Ureinwohner Afrikas, gehören. Erst vor etwa zweitausend Jahren begannen die *Khoikhoi* den Boden für Feldbau und Viehzucht nutzbar zu machen.

In der Zeit zwischen 500 und 1500 nach Christus kamen vorwiegend *bantu*-sprachige Zuwanderer ins Südliche Afrika, die vor allem in den Flusstälern im Südosten siedelten, um Feldbau zu betreiben und Metalle zu bearbeiten. Sie integrierten die *Sotho-Tswana*-Sprachgruppe, die wohl zuerst nach Südafrika kam, gefolgt von der *Nguni*-Sprachgruppe, die etwa zweihundert Jahre später einwanderte, sowie den *Tsonga*-Sprachgruppen aus Mosambik, den *Shona* und den *Venda.*

Die in Südafrika gesprochenen Sprachen verteilen sich unterschiedlich über die verschiedenen Provinzen des Landes. Die Gruppe der *Zulu* Sprechenden ist in Südafrika mit 22,4 Prozent die größte, gefolgt von *Xhosa*-Sprechern (17,5 %) und *Afrikaans*-Sprechern (15,1 %). Die anderen Sprachen liegen, auf die gesamte Republik bezogen, alle unter zehn Prozent (Kotzé 1997, S. 2).

Tabelle 2: Nguni-Sprachengruppe (Fadiman 2000)

Sprachen der Nguni-Sprachgruppe	Anzahl der Sprecher	Vorwiegende Lokation (Provinzen)
Swazi	1 Million	Kwa-Zulu-Natal
Tsonga	750 000	Kwa-Zulu-Natal
Zulu	8–9 Millionen	Kwa-Zulu-Natal
Xhosa	6–7 Millionen	Ost-Kap/West-Kap
Ndebele	700 000	Freistaat/Nord-Kap

Tabelle 3: Sotho-Sprachengruppe (Fadiman 2000)

Sprachen der Sotho-Sprachgruppe	**Anzahl der Sprecher**	**Vorwiegende Lokation**
Tswana	4 Millionen	Nord-West
Nord-Sotho	3 Millionen	Gauteng, Limpopo, Mpumalanga
Süd-Sotho	1 Million	Freistaat, Lesotho

Die größte Veränderung für das subsaharische Afrika wird von den meisten Historikern auf das 16. Jahrhundert datiert, als die ersten Europäer – es waren Portugiesen – nach Südafrika kamen. Weitere Wellen der Einwanderung erfolgten durch Holländer, Engländer, Franzosen, Spanier, Italiener und Deutsche. Vorwiegend Holländer und Briten importierten Ende des 16. Jahrhunderts Sklaven aus ihren östlichen Kolonien und aus anderen Teilen Afrikas, so dass neben der indigenen Bevölkerung eine Vielzahl anderer ethnischer Gruppen Einzug hielten, Gruppen, die später als *Farbige* bezeichnet wurden und heute vorwiegend in der Provinz *West-Kap* leben.

Diese Klassifizierung, die als soziales Konstrukt zu verstehen ist, definierte sich bisher eher über Hautfarbe, *Rasse* und soziokulturelle Standards in Abgrenzung zur *weißen* und *schwarzen* Bevölkerung als über ethnische Zugehörigkeit. Hinter dem Begriff *Farbige*, einer überwiegend *afrikaans*-sprachigen Bevölkerungsgruppe, verbirgt sich eine Fülle ethnischer, religiöser und politischer Vielfalt, die durch die südafrikanische Geschichte in besonderer Weise geformt wurde.

Mitte des 19. Jahrhunderts stellte die koloniale Administration eine schlagartige Bevölkerungsexplosion der *farbigen* Bevölkerung fest. Bis zum Ende des 19. Jahrhunderts wurde diese Bevölkerungsgruppe ausschließlich über ihre nicht-europäische Abstammung definiert. 1904 aber beschloss die Regierung, dass es drei klar zu definierende ethnische Gruppen gebe: die *Weißen,* die *Bantu* und die *Farbigen*. »Included in the last category were all intermediate shades between the first two« (Goldin 1983, S. 243). Unter den *Farbigen* entstanden zwei Hauptgruppierungen: die so genannten *Griquas* und die *Kap-Malaien*.

Als *Griquas* wurden die Menschen bezeichnet, die als Nachkömmlinge einer Verbindung von *Khoi* und Europäern galten (Goldin 1983, S. 241). Wurden sie zuerst als Kämpfer gegen *Bantu*-Ethnien eingesetzt, so wurden sie später in Angestelltenverhältnisse und in die bürgerliche Gesellschaft aufgenommen. Schon im 18. Jahrhundert hatten sich nördlich von Kapstadt *Griquas* angesiedelt – jedoch getrennt von den Gebieten der *weißen* Siedler, obwohl sie ihre Sprache, Religion und ihren Lebensstil in einigen Bereichen teilten. Sie besaßen ebenfalls Pferde und Waffen, waren Landbesitzer und spielten weithin eine herausragende Rolle als Pioniere und beim Grenzmilitär. Später jedoch verloren sie ihre relativ gut gestellte Position, als die Buren das Land enteigneten (Patterson 1975, S. 170). Viele Angehörige dieser Subgruppe sind christlich geprägt und gehören heute christlichen Kirchen an. Sie definieren sich selber in Abgrenzung zur muslimisch geprägten Subgruppe der *Farbigen,* die als *Kap-Malaien* bezeichnet werden. Diese sind die Nachfahren von Muslimen aus dem süd- und südostasiatischen Raum, das heißt von Singalesen, Chinesen, Indern, Indonesiern und Malaien, die als Sklaven nach Südafrika kamen und Schwarzafrikanern. Im Cape Muslim Quarter (Bo-kaap) Kapstadts leben schon seit dem 18. Jahrhundert *Kap-Malaien* (Cape Malays). Im Jahr 1920 wurden auch die *Kap-Malaien* zu einer *afrikaans*-sprachigen Gruppe erklärt und stiegen daher in der Apartheidshierarchie auf. Im April 1994 wurde in ganz Südafrika und besonders in Kapstadt das Festival »Three hundred years of Islam in South Africa« gefeiert. Die Gemeinschaft der *Kap-Malaien* bildet ihre Identität stark über ihre muslimische Religion aus (Jeppie 2001, S. 82). Diese religiöse Identität ist besonders macht- und kraftvoll und wird heute offensiv nach außen hin vertreten, denn sie gibt Stabilität in relativer Unabhängigkeit zur übrigen *farbigen* Gemeinschaft.

Bedingt durch ihre kulturelle Heterogenität sind die *Farbigen* nach Ende der Apartheid besonders auf der Suche nach einer eigenen Identität, denn diese war bisher in hierarchischer Abgrenzung zwischen *Weißen* und *Schwarzen* konstruiert: »They were experienced and constructed as less than white and better than black« (Erasmus 2001, S. 24). Gerade im Hinblick auf die gesetzlichen Regeln zur *affirmative action* fühlen sich Angehörige der *far-*

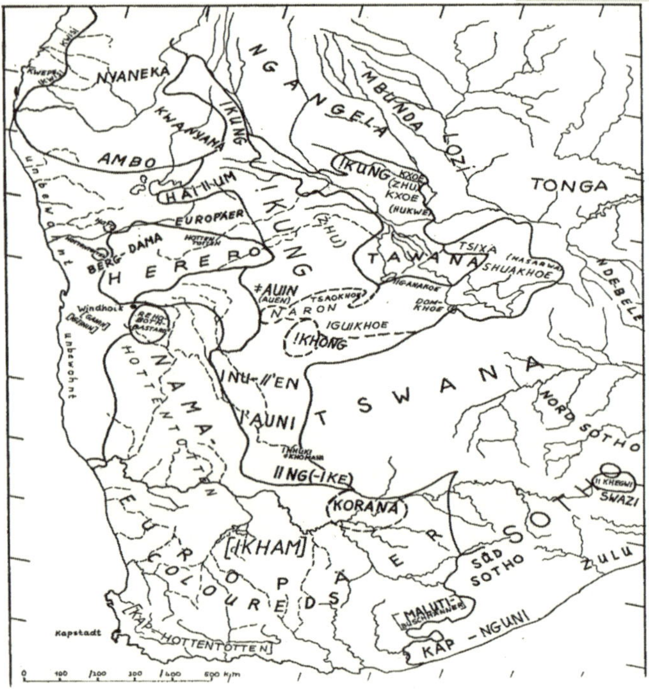

Karte 1: Ethnische Gruppen im südlichen Afrika (Hirschberg 1975, S. 387).

bigen Gemeinschaft heute weiterhin zwischen den Fronten: nicht *weiß* genug zur Zeit der Apartheid, nicht *schwarz* genug heute.

Mit anderen Worten: Südafrika hat fast ein halbes Jahrtausend kultureller Begegnungen und Kulturtransfers mit Menschen aus vielen Teilen der Welt erfahren und kollektiv sedimentiert. Einen entscheidenden Einschnitt in der Kulturgeschichte Südafrikas bedeutete die Staatengründung durch europäische Einwanderer. Lebten die indigenen Ethnien bislang relativ unabhängig voneinander, wenngleich sie bisweilen Krieg gegeneinander führten, so kam es durch Buren und Briten erstmals zur Ausbildung staatlicher, administrativer Strukturen. Das Gesicht des südlichen Afrika änderte sich deutlich: Es wurde *weiß*.

Zwischen 1910 und 1960 bestand auf dem südafrikanischen Staatsgebiet die so genannte Südafrikanische Union, ein von *Wei-*

ßen (hauptsächlich *Afrikaanern*) geführter Staat, der dem Commonwealth angehörte. 1948 gewann die Nationale Partei (NP) mit einer Minderheit an Stimmen die Mehrheit der Parlamentssitze und blieb bis 1994 unter wechselnder Führung an der Macht. Die Partei setzte sich über die Verfassung hinweg, um die *farbigen* Wähler auszugrenzen und trat aus dem Commonwealth aus. Nach 1948 begann kontinuierlich die Apartheid-Ideologie Einzug zu halten mit dem Ziel:

- eine dauerhaft *weiße* politische Mehrheit zu sichern
- *Schwarze* von der Wahl und somit von der politischen Mitbestimmung und Verantwortung auszuschließen
- *Homelands* und *Townships* zu bauen, um die Bevölkerung ihrer Hautfarbe entsprechend abzugrenzen.

Als *Homelands* wurden eher rurale Gebiete Südafrikas bezeichnet, in denen die *schwarzafrikanische* Bevölkerung lebte und nur mit Genehmigung Ein- und Ausgang hatte. Diese Territorien, wie die Transkei oder Ciskei, wurden erst mit der neuen Verfassung 1996 aufgelöst. Um die Nachfrage nach *schwarzen* und *farbigen* Fachkräften in den Ballungszentren zu befriedigen, gleichzeitig aber auch eine klare *Rassentrennung* wohnungspolitisch durchzusetzen, wurden seit den sechziger Jahren *Townships* aus dem Boden gestampft. Arbeitskräfte konnten nun kontrolliert tagsüber an ihre in *weißen* Gebieten gelegenen Arbeitsplätze gelangen, mussten jedoch um 18 Uhr wieder in ihre *Townships* zurückkehren. Diese über fünfzig Jahre lang praktizierte so genannte äußere Apartheid hat bei vielen Menschen auch zu einer inneren Apartheid geführt, die ein vorurteilsloses Umgehen miteinander durchaus erschweren kann.

Die bereits oben angesprochene Staatenbildung durch Buren und Briten ist allerdings von der autochthonen Bevölkerung nicht widerspruchslos hingenommen worden. Der Beginn des Widerstands der *schwarzen* Bevölkerung datiert auf 1912: Es bildete sich eine politische Gruppierung, der »South African Native Congress«, der sich später in »African National Congress« (ANC) umbenannte. Der ANC wurde über die Jahrzehnte hinweg immer stärker international unterstützt, gewann jedoch erst in den siebziger Jahren an Macht. Besonders nach dem Tod Bikos, dem

Zusammenbruch der Kolonie Mosambik und dem Ende des Rhodesienkriegs wuchs der Widerstand der *schwarzen* Bevölkerung. Zeitgleich entfaltete der internationale Handels- und Rüstungsboykott seine Wirkung gegen die südafrikanische Regierung. Im Jahr 1990 setzte der ANC die Freilassung Nelson Mandelas durch. Von 1991 bis 1993 wurde eine Übergangsverfassung erarbeitet, an der alle Parteien mitwirkten. So kam es zu den ersten demokratischen Wahlen im April 1994, in denen Mandela zum Präsidenten gewählt wurde und die Geburt der neuen Regenbogennation stattfand.

In Südafrika gibt es die folgenden elf offiziell anerkannten Amtssprachen: *Xhosa, Zulu, Afrikaans, Ndebele, Englisch, Nord-Sotho, Süd-Sotho, Swazi, Tswana, Venda* und *Tsonga*. Diese verbreiteten Sprachen spiegeln die große ethnische Diversität und sind regional unterschiedlich stark vertreten.

Auch in der Nationalhymne wird der Wunsch der Südafrikaner nach »Einheit in der Vielfalt« symbolträchtig ausgedrückt. Es gibt eine Melodie und vier Strophen, gesungen in vier Sprachen: *Xhosa, Süd-Sotho, Afrikaans* und *Englisch*. In der im Mai 1995 vom Parlament akzeptierten Nationalhymne spiegelt sich die kulturelle Vielfalt der Regenbogennation, denn sie setzt sich zusammen aus *schwarzafrikanischen* Liedausschnitten und *anglo-afrikaanischer* Poesie aus unterschiedlichen Zeitepochen:

- »Nkosi Sikelel' Iafrika«, einem Lied von Enoch Sontonga (1897),
- »Die Stern«, einem Poem von C.J. Langenhoeven und
- der *englischen* Übersetzung des erstgenannten Titels: »The Call of Africa«.

Nationalhymne

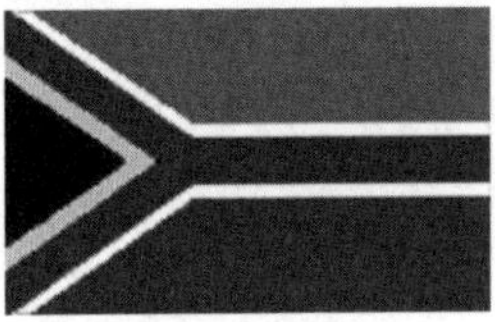

Nkosi sikelel' iAfrika,
Maluphakanyisw'uphondo Iwayo,
Yizwe imithandazo yethu,
Nkosi sikelela, thina Iusapho Iwayo

Morena boloko setjhaba sa heso
O fedhise dintwa le matshwenyetho,
O se boloke, o se boloke setjhaba sa heso
Setjhaba sa South Africa – South Africa

Uit die blou van onse hemel,
Uit die diepte van ons see,
Oor ons ewige gebergtes,
Waar die kranse antwoord gee

Sounds the call to come together,
And united we shall stand,
Let us live and strive for freedom,
In South Africa our land.

God bless Africa
Let her glory be held up high
Hear also our prayers
God bless us, we her children

God protect our nation
Please bring to an end our wars and pain
O' protect us, o' protect us
Protect us South Africa, South Africa

Out of the blue of our heaven
Out of the depth of our ocean
Over our eternal mountains
Where the cliffs reverberate

Regionen und wirtschaftliche Zentren

Die Republik Südafrika (RSA) hat derzeit rund 44 Millionen Einwohner (South African Institute of Race Relations 2001, S. 50), die sich auf 1 219 090 Quadratkilometer verteilen und somit eine Bevölkerungsdichte von durchschnittlich rund 34 Einwohnern auf einem Quadratkilometer ausmachen. Südafrika grenzt im Nordwesten an die Republiken Namibia und Botswana, im Norden an Zimbabwe und Mosambik, sowie an das Königreich Swaziland im Nordosten. Das Königreich Lesotho liegt im Südosten und ist völlig von Südafrika eingeschlossen. Im Westen, Süden und Osten grenzt Südafrika an den Südatlantik und den südlichen Indischen Ozean.

Die großen Städte Südafrikas, wie Johannesburg (ca. fünf Millionen Einwohner) oder Kapstadt (ca. drei Millionen Einwohner) sind urbane Ballungszentren, die eine hohe Zuwanderungsrate aufweisen. Der Urbanisierungsgrad liegt landesweit bei 54 Prozent. *Weiße, Farbige* und *Asiaten* leben zu 83 Prozent in den städ-

Karte 2: Südafrikas Städte (http://www.maptown.com/geos/southafrica.html)

tischen Gebieten. Die *schwarze* Bevölkerung lebt nach wie vor mehrheitlich in ruralen Gegenden (57,3 %), wobei bestimmte ethnische Gruppen, wie die *Zulu*, die *Venda* und die *Ndebele* weit über dem Durchschnitt auf dem Land vertreten sind (Naudascher-Schlag u. Schillinger 1994, S. 21). Der Regierungssitz Südafrikas liegt in Pretoria, der Parlamentssitz befindet sich in Kapstadt. Bloemfontein ist die Gerichtshauptstadt.

Südafrika ist seit dem Ende der Apartheidszeit und gemäß der neuen Verfassung in neun Provinzen aufgeteilt, die neu benannt wurden: *Freistaat, Gauteng, Kwa-Zulu-Natal, Limpopo* (bis vor einiger Zeit: *Nordprovinz*), *Mpumalanga, Nord-Kap, Nord-West, Ost-Kap* und *West-Kap.*

Städtische Wirtschaftszentren sind Johannesburg, Kapstadt und Durban, gefolgt von sechs kleineren Großstädten: Pretoria, Kimberley, Port Elizabeth, East London, Pietermaritzburg und Bloemfontein. Hier liegen die Zentren der Industrie, die teilweise durch Investoren aus der westlichen Welt geprägt werden. Das Bild dieser Städte ist bis heute geprägt von einem Stadtkern, der zur Apartheidzeit ausschließlich *weiß* war. Alle anderen Bevölkerungsgruppen wurden in *Townships* ausgesiedelt, die vor den Städten eingerichtet wurden. Bis heute hält sich dieses Bild, denn der Großteil der nicht *weißen* Bevölkerung besitzt einerseits nicht

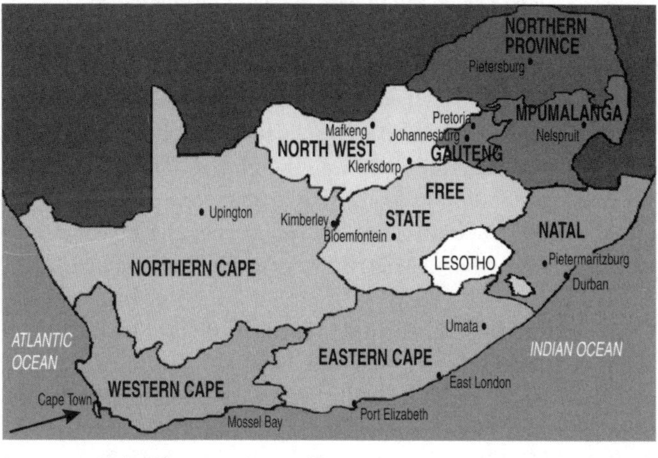

Karte 3: Südafrikas Provinzen (http://www.estatecenter.com/immo/suedafrika/lagecape.htm)

die finanziellen Mittel, um in die ehemals *weißen* Vororte zu ziehen und bevorzugt es andererseits, innerhalb der eigenen Gemeinschaft in den *Townships* zu wohnen, obwohl damit täglich lange Wege zur Arbeit in den Stadtzentren verbunden sind.

■ Aktivitäten deutscher Unternehmen in Südafrika

Zu den zehn wichtigsten *emerging markets* gehört neben Brasilien, China, Polen und Südkorea auch Südafrika. Trotzdem ist die Währung Südafrikas nicht vor Schwächen gefeit. Der Rand hat im Zusammenhang mit der Enteignungspolitik in Simbabwe, dem Euro-Dollar-Verhältnis und den asiatischen Finanzkrisen jährlich etwa sieben Prozent an Wert gegenüber dem Euro verloren. Heute liegt das Zinsniveau aufgrund eines Diskontsatzes von 15 Prozent in einem Bereich, in dem Geldanlagen bis zu zwölf Prozent Verzinsung erwirtschaften können. Von 2002 bis 2004 hat der Rand rund 25 Prozent an Wert gegenüber dem Euro gewonnen.

Landreformen und Enteignungen finden in Südafrika unter Beachtung der gesetzlichen Bestimmungen statt. Bislang wurde erst ein Prozent des Farmlandes umverteilt. Anders als in Simbabwe befindet es sich überwiegend nicht in *weißem* Privat-, sondern in Staatsbesitz.

Interessant geworden sind in Südafrika Investitionen in Immobilien nicht nur, weil zahlreiche Europäer einen Alterswohnsitz in den subtropischen Gegenden suchen, sondern auch deshalb, weil sich Fachkräfte und Unternehmer die Voraussetzungen für eine Immigration in das Land schaffen wollen. Grundsätzlich gilt, dass sich ein erworbenes oder selbst gebautes Eigenheim zu einem angemessenen Mietzins vermieten lässt (Ertner 2002, S. 20 f.).

So ist Südafrika hinsichtlich Fortschritt, Produktivität und Wirtschaftsstabilität der führende Staat auf dem afrikanischen Kontinent. Nach dem Weltbank-Report von 1999 stellt Südafrika etwa 28 Prozent des gesamtafrikanischen Bruttoinlandsproduktes her und hat sich zum Tor des Handelsraumes »Südliches Afrika« entwickelt.

Im Jahr 2001 hat der *schwarze* Teil der Bevölkerung zum ersten Mal in der Geschichte Südafrikas mehr verdient als der *weiße*, ein Umstand, der in erster Linie darauf zurückzuführen ist, dass die inzwischen entstandene *schwarze* Elite des Landes in den vergangenen fünf Jahren ihr Einkommen auf 13,5 Milliarden Rand verdoppelt hat. Auf private und unternehmerische Einkommen wird seit März 2002 ein einheitlicher Höchststeuersatz von 40 Prozent erhoben. Daher ist auch für Spitzenverdiener Südafrika gegenüber Europa ein bevorzugter Besteuerungsort. Obwohl häufig diskutiert und der Höhe nach in Frage gestellt, bleibt es bei einem moderaten Umsatzsteuersatz von 14 Prozent.

Die Aktivitäten deutscher Unternehmen konzentrieren sich im Dienstleistungssektor, 39 Prozent der Betriebe erlösen hier ihr Einkommen. Diesen Sektor teilen sich zu jeweils rund 20 Prozent die Consultingbranche und das Transportwesen. Es folgen das Bankgeschäft (etwa zehn Prozent), Maschinenbau und die Werbebranche.

57 Prozent der deutschen Unternehmen arbeiten im industriellen Sektor. Davon sind 31,4 Prozent in den Branchen Maschinen- und Anlagenbau sowie Elektronik aktiv. Mit 5,5 Prozent folgt die Automobilindustrie, jeweils etwa fünf Prozent der deutschen Betriebe sind in den Branchen Bau, Chemie und Ernährung tätig.

Die durchschnittliche Anzahl von Mitarbeitern in deutschen Betrieben Südafrikas stieg leicht von 310 (1998) auf 321 (2000). Nur 17 Prozent der Unternehmen haben eine Betriebsgröße von mehr als dreihundert bezahlten Mitarbeitern.

Bei einer Umfrage der Handelskammer (2001) zum wirtschaftlichen Klima äußerten 86 Prozent der Unternehmer eine positive Meinung, während elf Prozent eine pessimistische Sicht hatten. In die Umfrage ging die Bewertung von Faktoren wie Gewaltrate, Korruption, Gewinntransfer (*return on investment:* ROI) und Infrastruktur mit ein. Als bedenklich wird eingeschätzt, dass ausländische Investoren und Experten mit *weißen* Südafrikanern gleichgestellt werden, die ihrerseits durch die *affirmative action* (vgl. Situation 8) im Vergleich zu anderen südafrikanischen Bevölkerungsgruppen benachteiligt sind. Viele Unternehmer und Fachleute sorgen sich auch über das aus ihrer

Sicht noch unzureichende Maß an Demokratieverständnis und verbesserungswürdige öffentliche Dienstleistungen. Betroffen äußern sich deutsche Experten und Manager über die Häufigkeit von Gewaltverbrechen, besonders von Eigentumsdelikten.

Dennoch lässt sich ein steigendes Vertrauen in den freien Markt und in die Realisierung angemessener Gewinne feststellen. Gestützt wird das Vertrauen auch durch die steigenden Wachstumsraten des Bruttoinlandprodukts (2,4 % im Jahr 2000; 3,5 % im Jahr 2001). Nur eine kleine Anzahl deutscher Führungskräfte stellt die Stabilität der politischen Führung unter Thabo Mbeki in Frage.

Als positive ökonomische Standortfaktoren werden besonders die billige und verlässliche Stromversorgung, freier Wettbewerb, freier Gewinntransfer und angemessene Gewinnerwartungen genannt. Dagegen scheinen einige Unternehmen von einem Engagement in Südafrika aus zwei Gründen abgeschreckt zu werden: Einerseits entsprechen die Qualifikationen und die Produktivität der Arbeitskräfte oft nicht den Erwartungen, andererseits spielen die Gewerkschaften eine recht starke Rolle.

Trotz zahlreicher aktueller und langfristiger Probleme (AIDS), die Südafrika in Gegenwart und Zukunft zu bewältigen hat, wollen 89 Prozent der deutschen Betriebe im Lande verbleiben; nur sechs Prozent erwägen, den Firmensitz in ein anderes Land Afrikas – beispielsweise Botswana, Namibia oder Mosambik – zu verlegen.

Deutsche Unternehmer und Experten finden in Südafrika ein modernes Finanzsystem vor, eine sehr gute Infrastruktur von Straßen und Eisenbahnen sowie Transportmöglichkeiten in die angrenzenden Länder. Die meisten internationalen Fluggesellschaften fliegen Südafrika an, und die fünf internationalen Tiefwasserhäfen sind mit ausgezeichneten Einrichtungen und Serviceangeboten versehen.

Deutsche Unternehmerfamilien treffen in Pretoria und Kapstadt ausgezeichnet geführte Deutsche Schulen an, die ein in Deutschland anerkanntes Abitur vermitteln. Zusätzlich werden, angepasst an die Region, sprachliche und kulturelle Angebote in *Xhosa, Zulu, Afrikaans* und so weiter geboten. Zahlreiche Partnerschaften und Sportaustausche mit Schulen in der Region bereichern das Leben an den deutschen Schulen in Südafrika. Darüber hinaus bieten Internationale Schulen ihre Ausbildungsgänge in den großen Städten Südafrikas an. Teilweise werden Sie als Internate geführt, so dass auch Kinder aus ländlichen Gebieten diese Schulen besuchen können.

Der Strukturwandel in Südafrika hat in den letzten zehn Jahren den tertiären Sektor von 50 Prozent auf 65 Prozent anschwellen lassen. Die Industrie – und vor allem das Handwerk – hält noch etwa 24 Prozent des Bruttosozialproduktes, während der primäre Sektor (zehn Prozent) bis heute eindeutig vom Bergbau (Gold, Platin, Mangan etc.) bestimmt ist. Es ergibt sich so das Bild einer hoch entwickelten modernen Marktwirtschaft, die vergleichbar ist mit den Volkswirtschaften der Ersten Welt.

Seit dem Ende der Apartheid versucht Südafrika verstärkt, seine internationalen politischen und wirtschaftlichen Beziehungen auszubauen und Investoren ins Land zu holen. Es gibt keinen Anlass, die für *Weiße* problematische Situation Simbabwes auf Südafrika zu übertragen, obwohl es enge Handelsbeziehungen gibt. Vielmehr hat Südafrika durch Verträge, insbesondere das Freihandelsabkommen mit der Europäischen Union im Jahr 2000 und Mitgliedschaften in internationalen Organisationen (Commonwealth, WTO, UNO, IMF u. a.) der Weltöffentlichkeit gezeigt, dass es wieder in die Gemeinschaft der freien und demokratischen Länder der Welt aufgenommen ist und diesen Kurs unter Führung des ANC in Zukunft beibehalten will.

Aufenthaltsgenehmigungen mit Arbeitserlaubnis sind daran gebunden, dass Bewerber das Department of Home Affairs davon überzeugen, dass sie in der Lage sind, durch Einsatz ihrer Fähigkeiten, ihres Wissens und/oder ihres Kapitals sowohl für sich selbst zu sorgen als auch für Südafrika und dessen Wirtschaft einen ausreichend produktiven Beitrag zu leisten, um den Verlust eines Arbeitsplatzes für einen Südafrikaner zu kompensieren, wie es im Aliens Control Act verankert ist.

Grundsätze der Arbeitsrechts sind im 1997 verabschiedeten Basic Conditions of Employment Act niedergelegt. Die reguläre Arbeitszeit für Arbeiter und Angestellte liegt demnach bei 45 Wochenstunden. Ein Privathaushalt ist gehalten, eine Kündigung unter Angabe eines wahren und nachvollziehbaren Kündigungsgrundes auszusprechen. Die Kündigungsfristen belaufen sich auf eine Woche bei bis zu einmonatiger Beschäftigung und auf vier Wochen, wenn ein Arbeitsverhältnis länger als vier Wochen bestand. Für einfache Arbeiten ist ein Mindestlohn von 1 200 Rand (etwa 120 Euro) monatlich üblich. Der Urlaubsanspruch beträgt mindestens 21 zusammenhängende Tage pro Jahr.

Werden die Rechtsgrundlagen von Seiten des Arbeitgebers nicht eingehalten, so können diese von Arbeitnehmerseite eingeklagt oder durch Mediation und Schlichtungsverfahren ausgehandelt werden. Dies geschieht häufig über das Center for Conflict, Mediation and Arbitration (CCMA), dass sich auf Arbeitsplatzkonflikte spezialisiert hat oder mit der Unterstützung der Gewerkschaften.

Nachdem Sie sich hier über basale kulturelle, wirtschaftliche und politische Sachverhalte informiert haben, können Sie nun in das Training einsteigen. Ihnen wird jeweils eine Situation vorgestellt, an die sich eine Fragestellung anschließt. Zur Beantwortung dieser Frage werden Ihnen jeweils drei Antwortalternativen (Deutungen) angeboten, die in unterschiedlichem Maße kulturangemessen sind. Im Folgenden erhalten Sie dann Erläuterungen (Bedeutungen) zu den Antwortalternativen, die kulturtypische Hintergründe und Bedeutungen beleuchten und erklären. Außerdem bietet Ihnen das Buch kulturelle Hintergrundinformationen, mit deren Hilfe es Ihnen gelingen wird, die komplexe Realität zu strukturieren und sich in der südafrikanischen Kultur zu orientieren.

Das Trainingsmaterial ist ein Mittel zum Selbststudium, mit dessen Hilfe Sie sich auf den Umgang mit der kulturellen Vielfalt Südafrikas vorbereiten können. Sie werden so in der Lage sein, das Verhalten Ihrer südafrikanischen Partner besser zu verstehen. Allerdings kann dieses Buch eines nicht leisten: Es kann Ihnen nicht alles Wissenswerte über Südafrika, seine Menschen und seine Kultur vermitteln. Vielmehr enthält es vereinfachte Situationen, die sich auf die einzelnen relevanten Bereiche beziehen, mit denen Sie zu tun haben werden.

How do you do?
Uphila njani?
Ninjani?
Hoe gaan dit?
PLANNERER

Themenbereich 1: Kontaktaufnahme und Kommunikation

Beispiel 1: Der langen Rede kurzer Sinn

Situation

Eine deutsche Lehrbeauftragte, Frau Dr. Haller, verfasst gerade ein Fachbuch zum Vergleich der Didaktik der Mathematik an den Hochschulen Südafrikas und Deutschlands. In diesem Kontext unterhält sie sich mit einem *schwarzafrikanischen* Professor der Naturwissenschaften an der University of Witwatersrand in Johannesburg, *Gauteng*. Das Gespräch beginnt damit, dass der Kollege sie kurz darauf hinweist, er habe leider nicht viel Zeit für sie. Das wäre nicht weiter schlimm, da auch Frau Dr. Haller für das Gespräch nur einen bestimmten Zeitrahmen einkalkuliert hat und im Anschluss einen weiteren Termin wahrnehmen möchte. Zudem möchte sie nur eine konkrete Frage stellen. Doch statt auf den Punkt zu kommen, erzählt der Professor von seinen zahlreichen Reisen nach Europa, von seinen Erfahrungen mit der Mathematik und seinen Studierenden vor Ort. Dazu führt er zahlreiche Beispiele an. Frau Dr. Haller wird bereits nervös, da ihr die Zeit knapp wird und das eigentliche Thema offensichtlich keine Rolle spielt. Nach fünfundvierzig Minuten wird endlich über das entscheidende Thema gesprochen. Frau Dr. Haller fragt sich irritiert, warum dieser gebildete Mann so lange braucht, um zum Punkt zu kommen.

Warum beantwortet der Professor die Frage nicht kurz und bündig, wenn beide Gesprächspartner angeben, wenig Zeit zu haben?

- Lesen Sie nun die Antwortalternativen nacheinander durch.
- Bestimmen Sie den Erklärungswert jeder Antwortalternative für die gegebene Situation und kreuzen Sie ihn auf der darunter befindlichen Skala entsprechend an. Es ist möglich, dass mehrere Antwortalternativen den gleichen Erklärungswert besitzen.

■ Deutungen

a) Der Professor gibt die Zeitbegrenzung an, weil er auf seinen hohen Rang und seine Wichtigkeit hinweisen möchte.

sehr zutreffend	eher zutreffend	eher nicht zutreffend	nicht zutreffend

b) Für Afrikaner ist es unhöflich, Fragen kurz und bündig zu beantworten.

sehr zutreffend	eher zutreffend	eher nicht zutreffend	nicht zutreffend

c) Der Professor hat die afrikanische Erzählkultur verinnerlicht: Er hat daher Freude am ausführlichen Erzählen.

sehr zutreffend	eher zutreffend	eher nicht zutreffend	nicht zutreffend

- Versuchen Sie, Ihre Einstufung jeder Antwortalternative zu begründen. Halten Sie die Begründung in schriftlicher Form stichpunktartig fest.
- Lesen Sie nun die Erläuterungen zu jeder Antwortalternative durch und vergleichen Sie diese mit Ihren eigenen Begründungen.

Bedeutungen

Erläuterung zu a):
Selbstverständlich gibt es auch an deutschen Hochschulen, besonders während der Vorlesungszeit, einen Zeitdruck, der den akademischen Gesprächspartner dazu zwingt, zeitliche Vorgaben zu machen, die dann auch von beiden Seiten einzuhalten sind. Insofern gibt es hier keinen Unterschied im Inhalt der Aussage, die der afrikanische Professor über seine zeitliche Limitierung macht, sondern im Motiv, das dieser Aussage zugrunde liegt. In vielen afrikanischen Ethnien drücken Personen höheren Ranges ihre Wichtigkeit dadurch aus, dass sie zur Kenntnis geben, eigentlich gar keine oder nur wenig Zeit zu haben. Dies tritt besonders im Umgang mit Europäern in den Vordergrund, da *Schwarzafrikaner* bis 1994 von der akademischen Laufbahn und somit akademischen Graden weitgehend ausgeschlossen waren. Darüber hinaus ist es höher positionierten *Schwarzafrikanern* wichtig, Europäern gegenüber mit dem Zeitargument anzuzeigen, dass sie eine besondere Position und Wichtigkeit innehaben. Sie wählen das Zeitargument deshalb, weil sie um den Wert der Zeit im europäischen Alltag wissen. Europäern gegenüber werden also oftmals Rang und knapp bemessene Zeit miteinander verknüpft, um ein deutliches Signal zu setzten, dass sie es mit einer Person höheren Ranges zu tun haben. Gleichzeitig soll dem europäischen Gesprächspartner das Erkennen und Würdigen des Gegenübers als Person mit entsprechender Position erleichtert werden. Daher ist diese Antwortalternative ziemlich wahrscheinlich.

Erläuterung zu b):
Es handelt sich hier um das Stereotyp, dass *Schwarzafrikaner* Fragen nicht kurz und bündig beantworten könnten. Oftmals wird man auf Situationen treffen, in denen Jugendliche und Kinder, jedoch auch sozial geringer positionierte Personen, Höhergestellten und Älteren auf Fragen sehr knapp antworten. Es kann jedoch auch passieren, dass *Schwarzafrikaner* deshalb knapp antworten, weil sie kein näheres Interesse an einer persönlichen Beziehung haben. Diese Antwortalternative ist deshalb nicht zu generalisieren, weil sie keine weiteren Angaben

über Rang, Alter, sowie persönliche und kulturelle Hintergründe enthält.

Erläuterung zu c):
In der vorliegenden Begegnungssituation verwendet der Professor eine Erzählweise, die in der Kommunikationswissenschaft als zirkulär bezeichnet wird. Es geht hier nicht darum, Aussagen gradlinig deduktiv oder induktiv zu entwickeln, sondern ausholend das Umfeld von Erfahrungen darzulegen – und das braucht eben seine Zeit –, um dem Zuhörenden die Möglichkeit zu geben, nachzuvollziehen, wie der Sprecher zu der gewünschten Antwort beziehungsweise der eigentlichen Thematik gelangt. Der Gesprächsprozess selbst ist durch Freude am Erzählen gekennzeichnet. Weiterhin manifestiert sich in der Art des Erzählens ein kulturspezifischer Lehr- beziehungsweise Lernstil. Er besteht darin, dass dem Zuhörenden gegenüber erfahrungsbezogene und praktische Beispiele entfaltet werden und ihm gleichzeitig durch Sprechpausen die Möglichkeit gegeben wird, mit eigenen Beiträgen aktiv in das Gespräch einzusteigen oder Zwischenrufe und Fragen anzubringen.

■ Beispiel 2: Gesprächsverhalten

■ Situation

Herr Pflüger hält sich seit einigen Wochen in East London, in der Provinz *Ost-Kap* auf, um Konsumgewohnheiten des regionalen Marktes zu erkunden. Er ist für mehrere Tage Gast bei einer Firma der Kunststoff verarbeitenden Industrie, die Haushaltsartikel herstellt. Die Betriebsangehörigen kommen zumeist aus der Ethnie der *Xhosa (Kap-Nguni)*, die in der Region hauptsächlich ansässig ist. Am Sonntag spielt die Betriebsmannschaft gegen ein Team aus der Provinz *West-Kap* Fußball. Herr Pflüger lässt sich dieses Ereignis nicht entgehen, denn er will auch mit Angehörigen des Betriebes Kontakte knüpfen. Zur Halbzeit liegt die Betriebsmannschaft weit zurück. In der Halbzeitpause besteht nun die Möglichkeit, erste Kontakte mit Betriebsangehörigen aufzubauen. Ihm wird die Frau des Mannschaftskapitäns vorgestellt, doch Frau Llundi schaut während des Gespräches mit Herrn Pflüger zu Boden. Herr Pflüger ist ziemlich irritiert, weil Frau Llundi ihn trotz des freundlichen Tones kaum eines Blickes würdigt. Vergebens sucht Herr Pflüger bis zum Ende des Gesprächs Augenkontakt mit der hübschen jungen Frau. Ihn beschleicht das Gefühl, dass Frau Llundi keineswegs Interesse an einem Gespräch mit ihm hat, ja, ihn sogar ignoriert.

Warum schaut Frau Llundi Herrn Pflüger während des Gesprächs kaum in die Augen?

- Lesen Sie nun die Antwortalternativen nacheinander durch.
- Bestimmen Sie den Erklärungswert jeder Antwortalternative für die gegebene Situation und kreuzen Sie ihn auf der darunter befindlichen Skala entsprechend an. Es ist möglich, dass mehrere Antwortalternativen den gleichen Erklärungswert besitzen.

■ Deutungen

a) Frau Llundi schämt sich, weil die Mannschaft ihres Mannes bis zur Pause ein schlechtes Spiel hingelegt hat.

sehr zutreffend — eher zutreffend — eher nicht zutreffend — nicht zutreffend

b) Frau Llundi vermutet in Herrn Pflüger eine Führungsperson aus der deutschen Wirtschaft und möchte somit ihren Respekt ihm gegenüber ausdrücken.

sehr zutreffend — eher zutreffend — eher nicht zutreffend — nicht zutreffend

c) Insbesondere für Frauen ist aufgrund der *Xhosa*-Sozialisation während persönlicher Gespräche direkter Augenkontakt unschicklich.

sehr zutreffend — eher zutreffend — eher nicht zutreffend — nicht zutreffend

- Versuchen Sie, Ihre Einstufung jeder Antwortalternative zu begründen. Halten Sie die Begründung in schriftlicher Form stichpunktartig fest.
- Lesen Sie nun die Erläuterungen zu jeder Antwortalternative durch und vergleichen Sie diese mit Ihren eigenen Begründungen.

Bedeutungen

Erläuterung zu a):
Wir kennen es aus dem eigenen kulturellen Umfeld: Wenn wir uns schämen, suchen wir nicht unbedingt den Augenkontakt des Gegenübers, sondern schauen auf den Boden oder blicken verlegen in eine andere Richtung. Dieses Verhalten der Vermeidung von Augenkontakt ist in unserer westlichen Kultur stark individuell geprägt. Auch in Südafrika kann das Wegschauen Gründe der Beschämung haben. In dieser Situation ist es jedoch nicht sehr wahrscheinlich, da hier ein andere kulturelle Verhaltensweise im Vordergrund steht.

Erläuterung zu b):
In der *Xhosa*-Ethnie ist das Herunterblicken auf den Boden Respektspersonen gegenüber besonders im ländlichen Bereich bis heute verbreitet und kann auch in urbanen Gebieten weiterhin vorkommen. Viele *Xhosa* halten an ihren Traditionen fest, auch wenn sie aus den ländlichen Gegenden der Provinz *Ost-Kap* in die urbanen Zentren migriert sind. Deshalb hat diese Antwort sicher etwas für sich, doch bleibt hier die Tatsache unbeachtet, dass eine zwischengeschlechtliche Begegnung stattfindet.

Erläuterung zu c):
Die traditionelle geschlechtsspezifische Erziehung der Mädchen und Frauen bei den *Xhosa* enthält den Wert der Unterwürfigkeit gegenüber Männern, Älteren sowie Personen höheren Ranges. Ausgedrückt wird diese Haltung entweder durch eine niedrigere Sitzposition oder durch das Senken des Blickes. Da Frau Llundi, die in dieser Situation ihren Blick senkt, eine junge Frau ist, ist diese Antwortalternative am wahrscheinlichsten. Befinden sich

jedoch Frauen aus dieser Ethnie in gehobenen Positionen oder im Geschäftsleben, so wird man eher selten auf solche traditionellen Verhaltensmuster treffen. Vielmehr sind dann westliche Umgangsformen zunehmend selbstverständlich geworden. Traditionelle Geschlechterrollen befinden sich in Südafrika nach übereinstimmender Aussage von Angehörigen unterschiedlicher Bevölkerungsgruppen im radikalen Wandel. Besonders im urbanen Umfeld sind Egalisierungsprozesse im Rollenverhalten zwischen Männern und Frauen erkennbar. Bei den *Zulu* andererseits ist die besprochene Verhaltensweise nicht üblich. Hier treten andere Umgangsformen in den Vordergrund. Daher ist es bei Begegnungen wichtig zu wissen, welchen ethnischen Hintergrund die Gesprächspartner haben.

■ Beispiel 3: Dreifacher Händedruck

■ Situation

Herr Schulze ist gelernter IT-Fachinformatiker. Er hat sich über eine halbstaatliche Gesellschaft der Entwicklungszusammenarbeit auf eine Projektleiterstelle in Soweto, dem größten *schwarzen Township* in Johannesburg, beworben. In diesem Projekt soll er arbeitslose Jugendliche im IT-Bereich fortbilden. Er fühlt sich auf seine Aufgabe gut vorbereitet und ist zuversichtlich, als er den Jugendlichen vorgestellt werden soll. Nach der offiziellen Begrüßung durch einen Stadtteilrepräsentanten wird er in der Pause von einigen Jugendlichen noch einmal persönlich begrüßt. Er stellt fest, dass er mit dem speziellen Händedruck der Jugendlichen nicht vertraut ist: Handschlag, Daumengriff, Handschlag – das sind die drei aufeinander folgenden Phasen der Begrüßung. Die jungen Männer erfreuen sich an der Unbeholfenheit ihres neuen Lehrers, spotten und machen sich über ihn lustig, weil er sich mit den Fingern verhakt. Herr Schulze fühlt sich zunehmend unsicher und verabschiedet sich frühzeitig von seiner Einführungsfeier. Ein Jugendlicher ruft ihm hinterher: »Hey Whity! Don't you even know our greetings?« Herr Schulze kennt offensichtlich weder die Art der Begrüßung, noch ihre Bedeutung.

Was meinen Sie, steht hinter dem speziellen Händedruck der Jugendlichen?

- Lesen Sie nun die Antwortalternativen nacheinander durch.
- Bestimmen Sie den Erklärungswert jeder Antwortalternative für die gegebene Situation und kreuzen Sie ihn auf der darunter befindlichen Skala entsprechend an. Es ist möglich, dass mehrere Antwortalternativen den gleichen Erklärungswert besitzen.

■ Deutungen

a) Die drei Phasen der Begrüßung drücken ein hohes Maß an Freude an der persönlichen Begegnung aus.

sehr zutreffend	eher zutreffend	eher nicht zutreffend	nicht zutreffend

b) Die drei Phasen des Händedrucks bedeuten: »Hello!«, »How are you?«, »Go in peace!«

sehr zutreffend	eher zutreffend	eher nicht zutreffend	nicht zutreffend

c) Die drei Phasen des Händedrucks zeigen, dass man sich unbewaffnet und in friedlicher Absicht begegnet.

sehr zutreffend	eher zutreffend	eher nicht zutreffend	nicht zutreffend

- Versuchen Sie, Ihre Einstufung jeder Antwortalternative zu begründen. Halten Sie die Begründung in schriftlicher Form stichpunktartig fest.
- Lesen Sie nun die Erläuterungen zu jeder Antwortalternative durch und vergleichen Sie diese mit Ihren eigenen Begründungen.

Bedeutungen

Erläuterung zu a):

Es mag auch in Deutschland Unsicherheiten geben, ob bei der Begrüßung eines bislang unbekannten Menschen der Händedruck dazugehört oder es bei einer verbalen Begrüßung bleibt. Normalerweise aber reichen sich Geschäftspartner und Mitarbeiter in formalen Situationen, wie es beim Kennenlernen der Fall ist, die Hand. In diesem Fall sieht sich der IT-Fachmann einer Praxis ausgesetzt, die er zunächst nicht einordnen kann, denn die Begrüßung ist in drei Phasen des Händedrucks gegliedert. Wird diese Grußform gebraucht, so wird erwartet, dass sie auch selbstverständlich erwidert wird. Allerdings ist dieser Gruß keine jugendspezifische Sonderform. Auch Geschäftsleute begrüßen einander so, wenn sie in einem herzlichen Verhältnis zueinander stehen. Traditionell ist damit zu rechnen, dass über diesen Handschlag die Freude über die persönliche Begegnung ausgedrückt wird. Darüber hinaus kommen Abstufungen der Intensivierung, insbesondere des Daumendrucks (zweite Phase) vor. Je länger anhaltend und je dynamischer die zweite Phase des Handschlages ausfällt, desto deutlicher kommt die Intensität der Beziehung und der Freude zum Ausdruck. Wichtig zu wissen ist, dass diese Art des Händedrucks ausschließlich unter Männern und männlichen Jugendlichen, traditionell jedoch nicht unter Frauen oder zwischen Männern und Frauen ausgeübt wird. Bis heute geschieht es daher eher selten, dass Frauen von Männern oder anderen Frauen mit einem solchen Handschlag begrüßt werden.

Erläuterung zu b):

In südafrikanischen Subkulturen, die von Jugendlichen geprägt werden, erhalten die drei Phasen eine besondere Interpretation: Die erste Phase bedeutet in symbolischer Geste gegenseitiges Willkommenheißen, Begrüßung. Die zweite Phase, der Daumendruck, gibt dem wechselseitigen Erkunden nach dem Befinden des Anderen Ausdruck. Schließlich betont die dritte Phase die Verabschiedung: »Go in peace!« Die Verabschiedung ist somit bereits im Händedruck enthalten und braucht nach einem Gespräch nicht noch einmal vollzogen zu werden. Zusätzlich zum beschriebenen Ritual können Begrüßungsworte ausgetauscht werden (vgl. Tabelle 4). Dies ist aber nicht unbedingt notwendig, denn der Händedruck kann auch für sich die gesamte Begrüßung beinhalten.

Erläuterung zu c):
In Südafrika, einem Land mit einer Geschichte interethnischer Kämpfe, ist es wichtig, dass beim Kontakt zwischen Fremden die friedliche Absicht erkennbar ist. Diese Absicht drückt die Begrüßung mit der Hand aus. Sie zeigt, dass die sich begegnenden Personen unbewaffnet sind. Im Fall der Drei-Phasen-Begrüßung ist dieses Signal jedoch nicht eindeutig, da die linke Hand frei ist, um nach einer Waffe zu greifen. Die traditionelle *Xhosa*-Begrüßungsgeste beispielsweise besteht dagegen darin, dass beide Handteller aufeinander gelegt oder mit den Handtellern des Gegenüber verbunden werden. Damit ist eindeutig klar: Wir treffen uns in friedlicher Absicht. Für die in diesem Beispiel beschriebene Begrüßung ist diese Antwortalternative eher unwahrscheinlich.

■ Kultureller Hintergrund: Kommunikative Varianz

Für Sie als deutsche Fachkraft, die nach Südafrika kommt, ist es wichtig, das Eis zu brechen und zumindest einige Begrüßungsworte in den regional vorherrschenden Sprachen ausdrücken zu können. Sollten Sie länger in einer Region verweilen und dort ansässig werden, ist es ratsam, Grundlagen der lokalen Sprache zu erlernen. Dies wird Ihnen weiterhelfen, mit ihren Geschäftskollegen oder Mitarbeitern erfolgreich zu kommunizieren, einen näheren Zugang zu kulturellen Eigenheiten zu bekommen und langfristige Kontakte aufzubauen. Zudem können Sie somit ein Stereotyp widerlegen, das beinhaltet, dass *Weiße* zwar *Schwarzafrikaner* in der Geschichte immer gezwungen haben westliche Sprachen zu lernen, aber selbst nicht gewillt oder in der Lage sind, afrikanische Sprachen zu erlernen. Sie werden so nicht nur Stereotypen den Boden entziehen, sondern ihren Gesprächspartnern auch Respekt entgegenbringen und in gleicher Weise von *schwarzafrikanischer* Seite respektiert werden. Das Erlernen einer afrikanischen Sprache wird Ihnen helfen, aus der *white community* herauszutreten, interkulturelle Beziehungen zu knüpfen sowie Freunde und Geschäftspartner für sich zu gewinnen. Nicht zuletzt wird Ihnen die Sprache als Spiegel afrikanischer Kultur dienen und Sie mit der Logik afrikanischer Kulturen und ihrer Inhalte vertraut machen.

Anbei nun ein kleiner Einblick, um einen ersten Zugang zu Gesprächspartnern zu erhalten:

Tabelle 4: Verbale Icebreaker

Deutsch	Xhosa	Zulu	Afrikaans
Hallo! (zu einer Person)	Molo!	Sawubona!	Hallo!
Hallo! (zu mehreren Personen)	Molweni!	Sawubona!	Hallo!
Wie geht es Dir/Ihnen?	Uphila njani?	Ninjani?	Hoe gaan dit?
Mir geht es gut.	Ndiphilile.	Ngiyaphila.	Dit gaan goed.
Danke (sehr).	Enkosi (kakhulu).	Ngiyabonga.	Dankie.
Ja!/Nein!	Ewe!/Hayi!	Yebo!/Cha!	Ja!/Nee!
Bitte!	Nceda!	Uxolo!	Asseblief!
Entschuldigung!	Uxolo! (lit.: Frieden)	Uxolo!	Verskoon my!

Neben der Sprache hat auch die non-verbale Kommunikation ihre Eigenheiten, wie wir bereits in der ersten Trainingseinheit bemerkt haben. Die kulturspezifischen Arten des Händeschüttelns und des Augenkontaktes setzen beispielsweise Zeichen, lange bevor wir in den verbalen Informationsaustausch treten. Hier folgt ein kleiner Einblick in bestimmte Verhaltensweisen und ihre Hintergründe:

Oftmals stehen westlich geprägte Menschen in Diskussionen und Gesprächen etwa einen Meter von einander entfernt. In traditionellen afrikanischen Gesellschaften stehen Menschen enger zusammen, und zwar um ihre Nähe zu zeigen und den Gesprächspartner mit allen Sinnen wahrnehmen zu können. Einem Deutschen mag außerdem auffallen, dass *Schwarzafrikaner* trotz körperlicher Nähe häufig relativ laut miteinander sprechen. Dies ist traditionell ein Zeichen dafür, dass es keine Geheimnisse vor anderen Menschen gibt und dass jeder mithören darf, welche Themen im Gespräch aufgegriffen werden. Der öffentliche Charakter der Gesprächssituation gibt jeder Person in Hörweite Gelegenheit, sich am Gespräch zu beteiligen.

Stellen Sie sich nun vor, Sie kommen als deutscher Geschäftsmann zu einem Geschäftsbesuch und betreten das Büro ihres Partners. Eigentlich würden Sie erwarten, dass Ihnen ein Platz angeboten wird und sie sich hinsetzen können. Doch dem ist in der Regel nicht so. Ihr Geschäftspartner wird sich, besonders falls er jünger ist oder weniger Autorität besitzt als Sie, zuerst oder so schnell wie möglich setzen, um Ihnen Respekt zu erweisen. Gleiches gilt im Prinzip auch für die Begrüßung. Seien Sie nicht irritiert, wenn ein jüngerer Geschäftspartner darauf wartet, dass Sie, in der Position des Seniors, ihn zuerst grüßen. In manchen afrikanischen Gesellschaften ist es jedoch auch so, dass immer die Jüngeren zuerst grüßen, um den Älteren Respekt zu erweisen.

Komplexer werden Begrüßungssituationen noch, wenn Sie es sowohl mit weiblichen als auch mit männlichen Geschäftspartnern zu tun haben. Oftmals erwarten Frauen in höheren Positionen, dass Männer sie beispielsweise zuerst durch eine Tür gehen lassen. Dabei wird erwartet, dass den Frauen die Tür aufgehalten wird. Als Frau werden Sie es aber auch erleben, dass ein männlicher Geschäftspartner Ihnen den Weg weist und zuerst durch die Tür geht oder zuerst in den Fahrstuhl einsteigt. In einigen *schwarzafrikanischen* Ethnien ist es so, dass der Mann der Frau vorausgeht, um Ihr den Weg frei zu machen und sie vor eventuellen Gefahren zu schützen, die von vorne auf sie zukommen könnten. In öffentlichen Räumen, wie beispielsweise Restaurants oder Cafés, ist es jedoch oftmals üblich, dass Frauen den Männern vorausgehen. Sollten Sie als deutscher Geschäftsmann oder deutsche Geschäftsfrau eine große Gruppe von Gästen haben, die sie zum Tisch begleiten, so sollten Sie die Initiative ergreifen und ihren Gästen zum Tisch vorausgehen. Um sicher zu gehen, dass Sie ihren Gästen respektvoll gegenübertreten und diese nicht unhöflich behandeln, erklären Sie einfach, warum sie vorausgehen. Handlungen verbal zu begründen, kann Sie vor unangenehmen Situationen schützen.

Product
Product
PLANNERER

■ Themenbereich 2: Personaleinstellungen

■ Beispiel 4: Arbeitsverträge – leicht gemacht

■ Situation

Frau Deyder hat nach einer Marktanalyse in Südafrika festgestellt, dass es einen enormen Bedarf an Senioren- und Pflegeheimen im Küstenbereich des Landes gibt, nicht zuletzt, weil viele Senioren aus Europa ihren Lebensabend in Südafrika verbringen möchten. Frau Deyder hat daher in eine Anlage investiert, die betreutes Wohnen und kulturelle Angebote umfasst. Da sie mit den lokalen Gegebenheiten noch nicht so vertraut ist, hat sie zunächst einmal fünfzehn qualifizierte Mitarbeiter auf dreimonatiger Vertragsbasis eingestellt. Um den arbeitsrechtlichen Bestimmungen des Gesetzes zur *affirmative action* von 2000 zu entsprechen, hat sie überwiegend Personal aus den *farbigen* und *schwarzen* Bevölkerungsgruppen rekrutiert. Bis auf drei Personen möchte Frau Deyder die Mitarbeiter nach Beendigung des Zeitvertrages weiter beschäftigen. Sie ist jedoch überrascht, als diese drei Mitarbeiter nach Ablauf ihrer Zeitverträge Frau Deyder erklären, dass sie damit gerechnet haben, weiterhin angestellt zu bleiben, und ankündigen, rechtlich gegen sie vorzugehen, um auf unbefristete Weiterbeschäftigung im Seniorenheim zu klagen.

Was hätte Frau Deyder im Hinblick auf das Arbeitsverhältnis beachten müssen?

- Lesen Sie nun die Antwortalternativen nacheinander durch.
- Bestimmen Sie den Erklärungswert jeder Antwortalternative für die gegebene Situation und kreuzen Sie ihn auf der darunter

befindlichen Skala entsprechend an. Es ist möglich, dass mehrere Antwortalternativen den gleichen Erklärungswert besitzen.

Deutungen

a) Frau Deyder hätte die Mitarbeiter zunächst als Gelegenheitsarbeiter auf Tageslohnbasis anstellen sollen, da dies den traditionell afrikanischen Arbeitsverhältnissen entspricht.

sehr zutreffend	eher zutreffend	eher nicht zutreffend	nicht zutreffend

b) Ein dreimonatiger Arbeitsvertrag ist bei bestimmten Bevölkerungsgruppen mit der Erwartung eines unbefristeten Arbeitsverhältnisses verknüpft.

sehr zutreffend	eher zutreffend	eher nicht zutreffend	nicht zutreffend

c) Aus kulturellen Gründen hätte Frau Deyder keine schriftlichen Verträge mit den hier genannten Bevölkerungsgruppen eingehen dürfen.

sehr zutreffend	eher zutreffend	eher nicht zutreffend	nicht zutreffend

- Versuchen Sie, Ihre Einstufung jeder Antwortalternative zu begründen. Halten Sie die Begründung in schriftlicher Form stichpunktartig fest.
- Lesen Sie nun die Erläuterungen zu jeder Antwortalternative durch und vergleichen Sie diese mit Ihren eigenen Begründungen.

Bedeutungen

Erläuterung zu a):
Frau Deyder weiß um die besonderen Bedingungen in Südafrika, die bei der Beschäftigung von Hilfskräften wie Handwerkern oder Landarbeitern beachtet werden müssen. Diese werden oftmals als Tagelöhner angestellt. Die Arbeit auf Tageslohnbasis hat eine lange Kulturtradition im subsaharischen Afrika. Aus diesem Grund wäre es geboten gewesen, die Arbeitskräfte zunächst als Gelegenheitsarbeiter auf Tageslohnbasis anzustellen. Es handelt sich hier um eine Form eines traditionellen Arbeitsverhältnisses, die heute bei allen Bevölkerungsgruppen akzeptiert ist. Jedoch gehen mit einem solchen Arbeitsverhältnis rechtliche Einschränkungen einher: Arbeitsrechtlich wird nur eine Beschäftigung bis zu drei Tagen (24 Arbeitsstunden) pro Woche als Beschäftigung eines Gelegenheitsarbeiters oder Tagelöhners anerkannt. Bei einer darüber hinausgehenden Beschäftigung muss ein schriftlicher Vertrag geschlossen werden. Deutsche Investoren in Südafrika haben damit zu rechnen, dass die Gewerkschaften ein wachsames Auge auf die Personalpolitik eines Unternehmens werfen – besonders in Zeiten wachsender Arbeitslosigkeit und eines verknappten Arbeitsplatzangebots. Problematisch werden kann es auch, wenn Tagelöhner täglich ausbezahlt werden, so oft genug für die nächsten zwei Tage verdient haben und erst wieder zur Arbeit kommen, wenn sie wieder Geld benötigen. Eine weitere Schwierigkeit ist auch die Bezahlung auf Tageslohnbasis, da manche Arbeitnehmer dann die Arbeit zu stark in die Länge ziehen, um möglichst viele Tage zu arbeiten. Damit sind mittelfristige Planungen für ein zeitlich begrenztes Vorhaben nahezu unmöglich.

Erläuterung zu b):
Die Vermutung, es handele sich um einen Arbeitsvertrag, der nur bei ausgewählten Bevölkerungsgruppen gewisse Erwartungen der Weiterbeschäftigung weckt, ist eher nicht zutreffend. Wichtig für alle Beteiligten ist vielmehr, stabile und verlässliche Verhältnisse aufzubauen, stabil insofern, als die Arbeitnehmer für ein Vierteljahr praktisch unkündbar sind, ihre Familien versorgen und Miete zahlen können. Ungesicherte Arbeitsverhältnisse füh-

ren in Südafrika gerade in urbanen Zentren häufig zur Erhöhung der Obdachlosenzahlen und mehr *squattercamps*, wilden Hüttensiedlungen. Verlässlichkeit ist auf der anderen Seite dadurch gegeben, dass der Arbeitgeber planungsgemäß sein Vorhaben umsetzen kann. Somit sind beide Seiten abgesichert. Frau Deyder hat jedoch nicht beachtet, dass Arbeitsverträge über eine Zeitspanne von drei Monaten oftmals vom Arbeitnehmer als langfristige Zusage für ein Beschäftigungsverhältnis aufgefasst werden. Daher kann es zu arbeitsrechtlichen Problemen für Frau Deyder kommen. Auch wenn eine Beendigung des Arbeitsverhältnisses nach Ablauf des Vertrags möglich ist, kann es zu rechtlichen Auseinandersetzungen kommen, die so weit gehen können, dass Frau Deyder ihre Arbeitnehmer weiterhin beschäftigen oder ihnen eine gleichwertige Arbeit anderenorts anbieten muss. Hätte Sie diese drei Monate als Probezeit schriftlich im Vertag verankert, so wäre allen Beteiligten von Anfang an deutlich gewesen, dass das Arbeitsverhältnis nach Ablauf dieser Frist möglicherweise endet.

Erläuterung zu c):
Es ist zwar zutreffend, dass in Südafrika mündliche Absprachen auch im Arbeitsrecht einen großen Stellenwert hatten und auch heute noch haben. Bei Arbeitnehmern jeglicher kultureller Herkunft ist das Bedürfnis jedoch gewachsen, sich rechtlich abzusichern. Besonders Europäern gegenüber wird häufig auf der schriftlichen Vertragsform bestanden. Infolgedessen kann es dazu kommen, dass sich Arbeitnehmer vor Gericht ein dauerhaftes Arbeitsverhältnis erkämpfen. Bisweilen kommt es vor, dass Arbeitgeber für befristete Arbeitsverhältnisse bestraft werden. Zwar bildet auch heute noch in den *Townships* und in ländlichen Gegenden eine mündliche Vereinbarung zwischen den Kooperationspartnern die Grundlage von Arbeitsverhältnissen in Bereichen wie Service, Transport oder Handwerk, jedoch muss dabei Folgendes beachtet werden: In traditionellen afrikanischen Arbeitsverhältnissen ist diese Form der Vereinbarung zwar weit verbreitet, anerkannt, beliebt und effektiv, aber im Zuge der Staatsaufsicht und vor allem im Blick auf die Apartheidzeit, die eng mit der Ausbeutung von *schwarzen* und *farbigen* Arbeitskräften ver-

knüpft ist, soll den Arbeitnehmern heute ein besonderer Schutz gewährt werden. Deshalb stehen insbesondere *weiße* Südafrikaner sowie Investoren aus der westlichen Welt unter strenger Kontrolle bezüglich der Einhaltung arbeitsrechtlicher Bestimmungen.

Beispiel 5: Handwerker im Haus

Situation

Als Länderbeauftragter ist Herr Langohr im Auftrag eines führenden deutschen Pharmakonzern für eine sozial und kulturell akzeptierte, marktgerechte Einführung von Medikamenten bei HIV-Infektionen und gegen AIDS verantwortlich. Das von ihm angemietete große Anwesen in den Umgeni Heights, einem traditionell *weißen* Vorort von Durban, möchte er gerne für seine nachziehende Familie herrichten lassen.

Er bestellt zwei Handwerker, die in einem *Township* in einiger Entfernung von der Stadt leben. Er hat sich dazu entschieden, diese als Tagelöhner täglich auszuzahlen, da er weiß, dass dieses Anstellungsverhältnis in Südafrika allgemein akzeptiert ist. Am dritten Tag wartet Herr Langohr jedoch vergeblich auf seine Handwerker. Nach einer ganzen Woche stehen sie plötzlich wieder vor seiner Tür. Als Herr Langohr nach einer Begründung für ihr Fehlen fragt, antworten sie, sie hätten nicht genug Geld gehabt, um mit dem Vorortzug aus ihrem *Township* täglich in die Stadt zu fahren und dann mit dem Bus in den Vorort zu gelangen. Es sei für sie ein langwieriger und kostspieliger Transportaufwand, der gut zu überlegen sei. Herr Langohr ist von dieser Begründung irritiert, da er die beiden ja täglich bezahlt.

Wie erklären Sie sich das Verhalten der Tagelöhner?

- Lesen Sie nun die Antwortalternativen nacheinander durch.
- Bestimmen Sie den Erklärungswert jeder Antwortalternative für die gegebene Situation und kreuzen Sie ihn auf der darunter befindlichen Skala entsprechend an. Es ist möglich, dass mehrere Antwortalternativen den gleichen Erklärungswert besitzen.

Deutungen

a) Sie haben von Herrn Langohr erwartet, dass er ihnen einen Übernachtungsplatz im Haus einräumt, damit sie bei mehrtägiger Arbeit nicht pendeln müssen.

sehr zutreffend	eher zutreffend	eher nicht zutreffend	nicht zutreffend

b) Die Tagelöhner arbeiten für verschiedene Arbeitgeber gleichzeitig und immer gerade da, wo es ihnen am wichtigsten scheint. Da kommt es schon einmal vor, dass Herr Langohr ein paar Tage warten muss.

sehr zutreffend	eher zutreffend	eher nicht zutreffend	nicht zutreffend

c) Die Tagelöhner arbeiten nach der traditionellen afrikanischen Auffassung: immer nur so lange, wie es in der gegenwärtige Situation notwendig ist.

sehr zutreffend	eher zutreffend	eher nicht zutreffend	nicht zutreffend

- Versuchen Sie, Ihre Einstufung jeder Antwortalternative zu begründen. Halten Sie die Begründung in schriftlicher Form stichpunktartig fest.
- Lesen Sie nun die Erläuterungen zu jeder Antwortalternative durch und vergleichen Sie diese mit Ihren eigenen Begründungen.

Bedeutungen

Erläuterung zu a):
Herr Langohr musste den Handwerkern keine Übernachtsmöglichkeit zur Verfügung stellen. Dies wird von den Handwerkern nicht erwartet. Räume im Haus bekommen nur Haushälterinnen

oder Kinderbetreuerinnen, die langfristig und ohne Unterbrechung im Haus angestellt sind. Tagelöhner und Personen, mit denen keine langfristigen Arbeitsverträge bestehen, bekommen generell keinen Übernachtungsplatz.

Erläuterung zu b):
Für viele Tagelöhner in Südafrika ist es notwendig mehrere Jobs auf einmal zu übernehmen und diese möglichst nach ihrem Ertrag zu ordnen. Oft ist es für Tagelöhner wichtig, mehrere Auftraggeber nebeneinander zu haben, denn gerade Arbeiten, die Tagelöhner verrichten, werden gering bezahlt. Ein weiterer Faktor spielt in diesem Zusammenhang eine Rolle: Mindestens ebenso wichtig wie die Höhe des Lohns ist nämlich die Beziehung zum Arbeitgeber. Wenn die Sympathiewerte in dieser personalen Beziehung relativ hoch liegen, wird sogar eine weniger gut bezahlte Arbeit einer höher dotierten Beschäftigung vorgezogen. Im vorliegenden Fall ist es so, dass die Handwerker mit hoher Wahrscheinlichkeit einer anderen Arbeit als der bei Herrn Langohr den Vorzug gegeben haben. Es ist also gut möglich, dass die Tagelöhner aus Sympathiegründen der Arbeit zeitweilig fernbleiben oder aber auch wegen besserer Verdienstmöglichkeiten anderenorts arbeiten.

Erläuterung zu c):
Besonders in ländlichen Gebieten hält sich bis heute die Auffassung, nur so viel und so lange zu arbeiten, wie es zum Überleben notwendig ist. Dies begründet sich aus der hohen Wertschätzung des sozialen Beisammenseins und des Miteinanders in der Familie. So schätzen es viele *Schwarzafrikaner* traditionell mehr, ihre Zeit mit ihren Familien und ausgewählten Personen zu verbringen, als diese Zeit in eine Karriere zu investieren.

In städtischen Gebieten hat es allerdings eine starke Umwertung in den Einstellungen zur Arbeit gegeben. Diese Umorientierung wurde dadurch gefördert, dass die Bevölkerung in ständigem Kontakt mit westlichen Einflüssen ist. Allerdings ist dabei nicht die bei uns bekannte Motivation durch die protestantische Arbeitsethik transferiert worden. Vielmehr ist eine Einstellung zur Arbeit vorherrschend, die den eigenen Arbeitsaufwand im Hinblick auf den Ertrag der Arbeit genau kalkuliert. Das bedeutet, dass besonders die Mittelschicht nicht nur für das unmittelbare Überleben arbeitet, sondern zusätzliche Mühen auf sich nimmt, um (meist westliche) Luxusgüter erwerben zu können, die den eigenen Status erhöhen. Diese Subgruppe ist entsprechend auch gewillt, für die eigene Karriere kontinuierlich und langfristig zu arbeiten. Tagelöhner haben in städtischen Gebieten vielfach die anspruchsvolleren Aspirationen der Mittelschicht übernommen und legen mehr Wert auf die Sicherung der eigenen Zukunft. Ihr Ziel es es, Geld zu sparen und langfristige Projekte, wie etwa die Schulausbildung der Kinder, finanziell abzusichern.

Das Verhalten der Tagelöhner des Herrn Langohr ist also nicht (nur) durch die beschriebene Orientierung am täglichen Bedarf bestimmt. Andere Motive, nämlich die Gewichtung nach Ertrag und nach Sympathie kommen hinzu.

Themenbereich 3: Entscheidungsträger

Beispiel 6: Joint Venture

Situation

Thekweni Manufactures hat einen großen Auftrag an Land gezogen, nämlich den Innenausbau für Toyota-Minibusse, die im lokalen Stadtverkehr eingesetzt werden, passagiergerecht zu produzieren. Die Firma ist ein von *Zulu* geleiteter Familienbetrieb, der in *Kwa-Zulu-Natal* seinen Firmensitz hat. Ein mittelständischer Unternehmer im Bereich Autozubehör und Autoersatzteile, Herr Beckmann, ist bereit, ein Joint Venture mit Thekweni Manufactures einzugehen und Kapital sowie Know-how einzubringen. Herr Beckmann möchte nun in vertragliche Verhandlungen treten. Er wendet sich daher an den Geschäftsführer, der hochqualifiziert und seit zwei Jahren in der Firma angestellt ist. Dieser scheint jedoch nicht der richtige Partner für die Verhandlungen zu sein, denn die Gespräche drehen sich im Kreis und es kommt zu keinerlei Zusagen oder Entscheidungen. Jede Woche werden die Entscheidungen für einen Vorvertrag auf die kommende Woche vertagt. Herr Beckmann ist verzweifelt und wütend und gibt nach zwei Wochen die Verhandlungen auf, da der Geschäftsführer keine Anstalten zu machen scheint, in seriöse Geschäftsbeziehungen einzutreten.

Warum tritt der Geschäftsführer nicht in seriöse Geschäftsbeziehungen ein?

- Lesen Sie nun die Antwortalternativen nacheinander durch.
- Bestimmen Sie den Erklärungswert jeder Antwortalternative

für die gegebene Situation und kreuzen Sie ihn auf der darunter befindlichen Skala entsprechend an. Es ist möglich, dass mehrere Antwortalternativen den gleichen Erklärungswert besitzen.

Deutungen

a) Der Geschäftsführer benötigt mehr Zeit für die Verhandlungen, da er als Afrikaner ein anderes Zeitkonzept hat.

sehr zutreffend	eher zutreffend	eher nicht zutreffend	nicht zutreffend

b) Für Geschäftsverhandlungen ist nicht der Geschäftsführer, sondern der Firmengründer zuständig. Daher engagiert sich der Geschäftsführer nicht.

sehr zutreffend	eher zutreffend	eher nicht zutreffend	nicht zutreffend

c) Der richtige Ansprechpartner für Verhandlungen ist der Eigentümer, da dieser das Kapital hält. Der Geschäftsführer ist nicht der geeignete Verhandlungspartner und hält sich daher zurück.

sehr zutreffend	eher zutreffend	eher nicht zutreffend	nicht zutreffend

- Versuchen Sie, Ihre Einstufung jeder Antwortalternative zu begründen. Halten Sie die Begründung in schriftlicher Form stichpunktartig fest.
- Lesen Sie nun die Erläuterungen zu jeder Antwortalternative durch und vergleichen Sie diese mit Ihren eigenen Begründungen.

Bedeutungen

Erläuterung zu a):

Auf seine Geschäftsreise nach Südafrika hat sich Herr Beckmann gut vorbereitet. Der zeitliche Rahmen ist für Art und Umfang seiner Geschäftsinteressen zureichend, denn er hat auch die afrikanische Zeitauffassung mit berücksichtigt, indem er von Anfang an mehr Zeit eingeplant hat, als er es in Deutschland getan hätte, und zudem die Verhandlungstermine immer wieder hat verschieben lassen. Dennoch scheint diese Überlegung zum Zeitkonzept der *Schwarzafrikaner* als Antwortalternative in diesem Kontext eher unpassend zu sein. Denn es ist zu beobachten, dass afrikanische Partner gerade in Verhandlungen mit westlichen Partnern Termine pünktlich einhalten, vorausgesetzt auf ihrer Seite besteht ein entsprechend großes Interesse am Gelingen der Vereinbarung. Daran ist zu erkennen, dass der Umgang mit Zeit stark an die persönlichen Beziehungen und nicht ausschließlich an die kulturelle Herkunft der Geschäftspartner und die zu besprechende Thematik gebunden ist. Der Grad der Interessiertheit auf Seiten der afrikanischen Geschäftspartner bestimmt somit den zeitlichen Rahmen mit. Eine Zustimmung zur inhaltlichen Thematik bedeutet zunächst nur, dass der afrikanische Partner das Anliegen des Europäers zur Kenntnis genommen hat. Daraus ist auf keinen Fall eine Zustimmung zu Verhandlungen abzuleiten, aus denen eine Umsetzung der Wünsche des europäischen Partners resultiert.

Erläuterung zu b):

Es ist in Deutschland besonders bei Nachkriegsgründungen üblich gewesen, Firmen nach ihrem Gründer zu benennen – Grundig, Henkel, Neckermann, Dr. Oetker sind Beispiele dafür. Diese Namen sind heute noch bekannt, obwohl die Firmen längst aufgekauft oder fusioniert sind. Die Firmengründer haben praktisch kaum mehr etwas mit der Firmenpolitik zu tun, denn diese ist längst in die Hand von Managern und Aufsichtsräten übergegangen. Deshalb konnte Herr Beckmann annehmen, dass der Geschäftsführer der geeignete Ansprechpartner ist. Dem ist jedoch nicht so. Im Zuge der »Verwestlichung« afrikanischer Firmen in Organisation, Aufbau und Funktionen haben diese eine Art Chamäleonstrategie entwickelt: »black hearts and white skins« (Fadiman 2000, S. 79). Dieses Managementkonzept hat seinen Namen von der Fähigkeit der Chamäleons, ihre Hautfarbe der Umwelt anzupassen. *Schwarzafrikaner* waren in Südafrika über lange Zeit genötigt, nach außen hin westliches Verhalten und westliches Denken zu zeigen, während sie innerlich ihre traditionellen Auffassungen bewahrten. So kann auch diese Situation interpretiert werden. Der Geschäftsführer hat eine nach außen hin akzeptierte Funktion, das Büro ist oft nach den neuesten technischen und betriebskommunikativen Gesichtspunkten ausgestattet. Doch darf dieses westliche Äußere Herrn Beckmann nicht zu der Annahme verleiten, im Geschäftsführer den angemessenen Verhandlungspartner gefunden zu haben. Vielmehr ist es in der Regel der Senior, meist der Firmengründer, der die Rahmenentscheidungen intuitionsgeleitet trifft. Er ist es nämlich, der über die Jahre hinweg das Firmengeschehen überblickt und auch für die Zukunft Aussagen treffen kann. Ist der Firmengründer bereits verstorben, so ist es die nächstälteste Person – meist sind es Männer – aus der Familie, die anzusprechen ist. Der Geschäftsführer dagegen wird keine Entscheidung vorwegnehmen, bevor er nicht grünes Licht aus der »Seniorenetage« bekommen hat. Zudem wird er von sich aus keinen Kontakt zum Firmengründer herstellen, weil das einerseits nicht zu seinem Aufgabenbereich gehört und er andererseits vom deutschen Geschäftspartner erwartet, dass dieser selbst den Kontakt zum richtigen Ansprechpartner sucht. Aus diesen Gründen engagiert sich der Geschäftsführer im Fall von Herrn Beckmann nicht.

Erläuterung zu c):
Im deutschen Recht wird präzise zwischen Eigentum und Besitz unterschieden. Der Besitzer einer Firma hat sich stets beim Eigentümer zu erkundigen, wenn es um grundlegende Entscheidungen betrieblicher Art geht, es sei denn, diese Rechte sind über einen Abtretungsvertrag an Besitzer, Manager oder Geschäftsführer abgegeben worden. Im traditionellen afrikanischen Eigentumsrecht, das sich von dem in Südafrika offiziell anerkannten englischen Eigentumsrecht unterscheidet, verhält es sich so, dass der Nutzer einer Sache auch das Recht über diese Sache erwirbt,

solange sie in seiner Nutzung steht. Insofern wäre der Besitzer der Firma ein geeigneter Ansprechpartner für Herrn Beckmann. Da aber der Firmengründer aus Anciennitätsgründen und aufgrund seiner lebenslangen Teilhaberschaft noch in der Firma ist – wenn auch weit im Hintergrund und für westliche Geschäftsleute praktisch unsichtbar – sollte er in den Entscheidungsprozess maßgeblich mit eingebunden werden. Herr Beckmann hat zwei Möglichkeiten. Variante A: Herr Beckmann bittet den Geschäftsführer, den Kontakt zu den Entscheidungsträgern herzustellen. Variante B: Herr Beckmann sucht den direkten Kontakt mit dem Senior, der dieses Vorgehen begrüßen würde oder sogar erwartet, da er dem deutschen Geschäftsmann auf gleicher Positionshöhe begegnet. So bestünden gute Chancen für Herrn Beckmann, die Verhandlungen über das Joint Venture innerhalb des von ihm geplanten Zeitrahmens abzuschließen.

Beispiel 7: Experten in gesellschaftlichen Schlüsselpositionen

Situation

Auch in diesem Jahr hat der Weltkirchenrat auf Grundlage des gemeldeten Bedarfs einige Theologen als Dozenten an die kirchlichen Hochschulen Südafrikas entsandt. Herr Dr. Schmüser erteilt Seminare in Biblischer und Systematischer Theologie. Der Rat der Dozenten, dem er als Lehrbeauftragter angehört, diskutiert die Frage, wer aus ihrem Kreis geeignet ist, als Mitglied in die »Commission for Reconciliation« – die Kommission für die nationale Versöhnung – entsandt zu werden. Die Diskussion verläuft träge, weil nicht klar ist, welche Effektivität die Kommission beim Aufbau der Regenbogengesellschaft haben könnte. Dr. Schmüser meldet sich und gibt zu verstehen, dass er sich, wenn er gebraucht werde, als Kommissionsmitglied zur Verfügung stelle. Er möchte gerne in der Kommission mitarbeiten, weil er überzeugt davon ist, dass er als deutscher Theologe wesentliche Beiträge zum Thema Versöhnung leisten kann. Doch niemand aus der Runde nimmt sein Angebot auf. Ihm begegnet vielmehr Zurückhaltung, sogar offene Ablehnung schlägt ihm entgegen. Voll Unbehagen fragt sich Dr. Schmüser, was die Ablehnung seines Angebotes wohl hervorgerufen hat.

Warum wird Dr. Schmüsers Angebot nicht angenommen?

- Lesen Sie nun die Antwortalternativen nacheinander durch.
- Bestimmen Sie den Erklärungswert jeder Antwortalternative für die gegebene Situation und kreuzen Sie ihn auf der darunter befindlichen Skala entsprechend an. Es ist möglich, dass mehrere Antwortalternativen den gleichen Erklärungswert besitzen.

■ Deutungen

a) Seit der Wende 1994 gibt es ein wachsendes Ressentiment gegenüber *Weißen* in Führungspositionen.

sehr zutreffend	eher zutreffend	eher nicht zutreffend	nicht zutreffend

b) Dr. Schmüser hätte sich von einem *farbigen* Kollegen vorschlagen lassen sollen, da dies der *Political Correctness* im heutigen Südafrika entspricht.

sehr zutreffend	eher zutreffend	eher nicht zutreffend	nicht zutreffend

c) Grundsätzlich sind aus Europa auf befristete Zeit entsandte Dozenten nicht geeignet, in solchen sensiblen Bereichen maßgeblich mitzuarbeiten.

sehr zutreffend	eher zutreffend	eher nicht zutreffend	nicht zutreffend

- Versuchen Sie, Ihre Einstufung jeder Antwortalternative zu begründen. Halten Sie die Begründung in schriftlicher Form stichpunktartig fest.
- Lesen Sie nun die Erläuterungen zu jeder Antwortalternative durch und vergleichen Sie diese mit Ihren eigenen Begründungen.

Bedeutungen

Erläuterung zu a):
Im Wissenschaftsbetrieb deutscher Hochschulen und Universitäten wird es wohl kaum eine Situation geben, in der Dozenten aus anderen Ländern, insbesondere auch aus *Schwarzafrika,* von der Mitarbeit an den ihnen offen stehenden Hochschulgremien ausgeschlossen werden. Es gibt auch keinerlei Bedenken, dass ausländische Lehrbeauftragte hochschulpolitische Entscheidungen einseitig beeinflussen könnten. Die augenblicklich herrschende Situation in Südafrika spricht freilich eine andere Sprache. So wird ein aus Deutschland kommender Wissenschaftler durchaus mit der Frage konfrontiert werden, ob er denn nun schon wieder etwas vorzuschlagen hätte, was für die Entwicklung Südafrikas besser sein könnte. Tatsächlich gibt es starke Ressentiments auf Seiten der *schwarzen* und *farbigen* Bevölkerungsgruppen gegenüber *Weißen* in Führungspositionen. Diese Antwortalternative kommt jedoch nicht in Frage, da es kein *generelles* Ressentiment gegenüber *Weißen* gibt. Vielmehr spielt eine Rolle, in welchen Bereichen und mit welchem Mandat *weiße* Führungskräfte aktiv werden. Ein Lösungsweg für Herrn Dr. Schmüser wäre es gewesen, wenn er sich völlig zurückgehalten hätte und auf einen Vorschlag aus der Runde der ordentlichen Lehrbeauftragten gewartet hätte. Hätte man ihn für geeignet befunden, wäre er wahrscheinlich – unabhängig von seiner Hautfarbe – von seinen Kollegen benannt und berufen worden (vgl. auch Erläuterung zu B.).

Erläuterung zu b):
Sicherlich gibt es heute im politischen Leben Südafrikas einen Kodex für politisch korrektes Verhalten, der diskriminierten Gruppen kompensatorische Rechte einräumt. Insbesondere profitieren davon Angehörige der *farbigen* und *schwarzen* Bevölkerungsgruppen, sowie Behinderte und Frauen. In Betrieben und offiziellen Organisationen sowie in der Verwaltung ist ein Prozess im Gange, in dem sich die Fortschritte bei der Integration dieser Gruppen spiegeln. Dennoch ist es nicht so, dass vor dem Hintergrund dieser Veränderungen von Dr. Schmüser erwartet würde, sich von einem *farbigen* oder *schwarzen* Kollegen vorschlagen zu lassen.

Erläuterung zu c):
Am wahrscheinlichsten liegt der Grund für die Zurückhaltung der Dozentenkollegen hinsichtlich Dr. Schmüsers Bereitschaftserklärung in dem Umstand, dass er Ausländer, Europäer, ist. Er ist, das wissen alle, nur vorübergehend in Südafrika und wird deshalb von seinem Umfeld als nicht besonders vertraut mit den Details der Auseinandersetzungen zwischen den *Rassen* eingeschätzt: Er hat die virulenten Probleme, um die sich die Kommission zu kümmern haben wird, weder geschichtlich, noch persönlich »an der eigenen Haut« erfahren. Zudem spricht Dr. Schmüser keine der erforderlichen lokalen Sprachen, wie *Afrikaans, Xhosa, Zulu* oder *Sotho*, sondern nur *Englisch*. Es wird deshalb wohl nur einen Lösungsweg für Dr. Schmüser in dieser Situation geben: die Zusammenarbeit mit der Person zu suchen, die von dem Gremium als geeignet benannt worden ist. Mit dieser Person kann er zusammenarbeiten und seine Ratschläge für die *Reconciliation* in Form von Fragen und Ideen vorsichtig »verpacken«, ohne sich in einer Sache aufzudrängen, die er nach einhelliger Auffassung seiner Kollegen höchstwahrscheinlich nur vom Hörensagen kennt.

There is a proper way to begin each thing. It is taught by our grandfathers. The dead must guide the living. The old must lead the young.
Show me a place where the lambs teach the sheep and I will show you a nation of madmen.

Ein *Zulu*-Stammesältester

■ Kultureller Hintergrund: Regel- und Hierarchieorientierung

In den meisten traditionellen afrikanischen Gesellschaften ist die ausschlaggebende Erblinie die des Mannes. So wird der Vaterbruder (von »Ego« aus gesehen) ebenfalls als »Vater« bezeichnet. Der Mutterbruder hingegen wird »Onkel« genannt. Die Kinder des Vaterbruders sind somit im Bezug zu »Ego« Brüder und Schwestern. Die Kinder des Mutterbruders jedoch Cousins und Cousinen. Dieser patrilinearen Ausrichtung entspricht es, dass auch die Wohnortbestimmung eines neu verheirateten Paares patrilokal verläuft. Das bedeutet, dass die Frau zur Familie des Mannes zieht. Auch wenn sich die traditionellen afrikanischen Verwandtschaftsstrukturen besonders in urbanen Zentren immer mehr in Auflösung befinden und frisch verheiratete Paare beispielsweise eine Neolokalität beziehen, statt bei der Familie des Mannes zu wohnen, und somit westliche Lebensstandards in ihr eigenes Leben integrieren, so hat die traditionelle afrikanische Familie doch bis heute mehr Einfluss auf das gesellschaftliche afrikanische Leben, als wir auf den ersten Blick vermuten möchten. Dies gilt nicht nur mit Blick auf alltägliche Situationen, sondern ebenfalls in Hinblick auf wirtschaftliche Beziehungen und innerbetriebliche Strukturen.

Es gibt einen Weg, einen afrikanischen Weg, wie Sie geschäftlich angemessen tätig werden können. Und zwar ist das sicher nicht die deutsche Art und Weise des Geschäftslebens, die sich an Produkten orientiert, genaue Zeitpläne verfolgt und einen Verkauf nach dem anderen anstrebt. Afrikanische Geschäftsmethoden orientieren sich an Personen. Werden neue Geschäftsmöglichkeiten ergründet, werden zuerst Schlüsselpersonen gesucht und dann die lokalen Regeln erlernt. Anschließend wird das Netzwerk der Kontaktpersonen ausgebaut. Erst danach werden Produkte angeboten und die Geschäftsebene eröffnet.

Bauen Sie so gut wie möglich geschäftliche Allianzen auf, doch behalten Sie im Hinterkopf, dass »Allianzen« in Südafrika eine andere Bedeutung besitzen als bei uns in Deutschland. Allianzen beinhalten all die Menschen, mit denen man verwandtschaftlich verbunden oder langfristig befreundet ist. Faktisch handelt es sich demnach meist um *extended families*, die sich aus realen und fiktiven(!) Verwandten zusammensetzen. Alle andere Menschen, die nicht in diesen imaginären Zirkel von Alliierten eingebunden sind, werden oftmals als Konkurrenten oder Wettbewerber eingeschätzt. Der Übergang vom Konkurrenten oder Wettbewerber zum assoziierten Familienmitglied, also in die In-group der Familie hinein, wird aus Sicht der afrikanischen Partner durch folgende wesentliche Punkte markiert:

Auf der Ebene der subjektiven Kultur:

- Übereinstimmungen in Einstellungen, Lebensweisen und »Gesinnung«.

- Verständigung über ähnlich gerichtete Emotionalität.
- Verständnis und Austausch über gemeinsame Wertvorstellungen besonders im Blick auf geschäftliche und familiäre Themen.
- Verständigung über den Sinn für Humor.

Auf der Ebene der objektiven Kultur:

- Wechselseitige Verständigung und Austausch über Idiome und kulturspezifische Kenntnisse und Philosophie.
- Gespräche über »Freizeitthemen« wie Sport, Musik, Theater, Oper, Kultur oder Literatur.
- Erkundigungen über das Wohlbefinden der Familienangehörigen.
- Vermeidung von aus afrikanischer Perspektive »konfliktbesetzten« Themen, wie Politik, Ökonomie, Krankheiten, Tod und Katastrophen.
- Langfristige geschäftliche Zusammenarbeit und gemeinsame Freizeitgestaltung.
- Gegenseitige spontane Besuche, Einladungen, Gefälligkeiten und Geschenke, gegebenenfalls unter Einbeziehung weiterer Familienmitglieder.

Viele große südafrikanische Firmen sind heute immer noch in der Hand *weißer* Südafrikaner oder ausländischer Investoren. Nur einige sind derzeit teilweise oder überwiegend in den Händen der *schwarzafrikanischen* politischen Elite. Auch diese Firmen folgen den westlichen Standards. Seit der Wende 1994 entstehen jedoch immer mehr kleine und mittlere Firmen, die von *schwarzafrikanischen* Geschäftsmännern – meist sind es Männer! – geführt werden. In diesen Firmen gleicht die innere Struktur den traditionellen afrikanischen Familienbanden. Lassen Sie sich nicht täuschen, wenn dies von außen auf den ersten Blick nicht so wirkt, denn viele *Schwarzafrikaner* haben aus der Not der letzten Jahrhunderte heraus, ihre Traditionen zu wahren, die »Chamäleonstrategie« (vgl. Beispiel 6) entwickelt.

Afrikanische Betriebsstrukturen ähneln also bis heute den traditionellen Strukturen der erweiterten Familie. Der Gründer der Firma, ein Senior, steht im Mittelpunkt einiger imaginärer Kreise, die sich wiederum aus nahen und entfernten Verwandten zusammensetzen:

- Der innerste Kreis besteht aus gleichaltrigen Personen, die derselben Generation wie der Gründer selbst angehören. Sie teilen das Wissen jahrzehntelanger Erfahrungen. Als »Vorstand« führen sie die Firma kollektiv und stellen somit das *board of directors*. Oftmals sind diese Personen in Firmenposition allesamt Familienmitglieder.
- Der den innersten Kreis umschließende Zirkel enthält Personen zumeist mittleren Alters und besteht aus Söhnen und Schwiegersöhnen der Gründergeneration. Durch ihre Ausbildung streben Personen dieses Kreises spezielle Bereiche und entsprechende Positionen, beispielsweise im Bereich des Marketing oder Controlling an. Sie werden jedoch ihr Leben lang immer den Ältern untergeordnet sein.
- Mit der Zeit entstehen weitere Zirkel und Kreise durch Enkelkinder, entfernte Verwandte oder Freunde. Je weiter entfernt sich Personen und Kreise vom innersten Zirkel befinden, desto weniger haben diese Personen zu sagen und desto virtueller wird ihre Beziehung zur Kernfamilie sein.

Das System erlaubt keine Unterschiede zwischen Familien- und Geschäftsinteressen. Supervisoren und Mitarbeiter sind nicht durch Verträge, sondern durch Familienstrukturen eingebunden. Daher sind Beziehungen nicht vom Geschäft zu trennen. Zudem ist die Erledigung bestimmter Aufgaben in der Firma nicht unbedingt von formellen Zuständigkeiten abhängig. Aufgaben werden oftmals informell vergeben und orientieren sich stark an der aktuellen Situation. Das Faktum, dass ein Geschäft im Prinzip die Familie widerspiegelt, führt oftmals zu Informalitäten, die für einen Außenstehenden aus der westlichen Welt nicht selten als korruptes Handeln erscheinen.

Sie haben es im afrikanischen Geschäftsleben überwiegend mit männlichen Geschäftspartnern zu tun. Wie bereits zu Beginn erwähnt, sind auch die Familienstrukturen größtenteils patrilinear ausgerichtet – wir stoßen also auch im Überschneidungsbereich von Genderrollen und Arbeitsleben auf traditionelle (Familien-)Strukturen.

Unter dem Aspekt des Vertrauensaufbaus ist es für einen älteren deutschen Manager durchaus möglich ein Geschäft anzustoßen und jüngere deutsche Partner einzuführen, weil sein Alter einen Vorschuss an Vertrauen gewährleistet. Allerdings ist es nicht möglich, Juniorpartner mit der Reputation und dem Vertrauensvorschuss auszustatten, die Sie als Seniorpartner selbst genießen. Vielmehr wird erwartet, dass ein Seniorpartner selbst an die afrikanischen Partner herantritt, verhandelt, kooperiert und eine dauerhafte Zusammenarbeit aktiv aufrechterhält. Die Aufgaben des Seniors können aus Sicht der afrikanischen Partner nicht auf junge Manager übertragen werden, da diese noch nicht die nötige Reife, Respektabilität und Weisheit erlangt haben.

In den größeren und westlich ausgerichteten Firmen werden Sie zwar auch auf weibliche Ansprechpartner treffen, in mittleren und kleineren (Familien-)Betrieben jedoch eher selten. Was bedeutet dies nun für deutsche Geschäftsfrauen, die in Südafrika tätig werden? In westlich-ausgerichteten Firmen werden Sie als Frau auf ähnliche Probleme treffen, wie in Deutschland. *Schwarzafrikanische* Geschäftspartner sind in Südafrika seit vielen Jahrzehnten an die westliche Lebensweise gewöhnt. Ihre Ansprechpartner werden daher nicht überrascht sein, wenn Sie als Frau im Geschäftsleben tätig werden. Es ist jedoch nicht auszuschließen, dass Sie bei *schwarzafrikanischen* männlichen Partnern auf eine größere Skepsis treffen, als sie männlichen Partnern entgegengebracht wird – besonders wenn Sie als jüngere Frau mit älteren Männern zusammenarbeiten. Wie Sie bereits wissen, ist das Alter das wichtigste »Handwerkzeug« im afrikanischen Management, denn Schwarzafrikaner glauben, dass mit dem Alter die nötige Ruhe, die Weisheit und die Sorgsamkeit einhergeht, die geschäftliche Entscheidungen benötigen, um zu langfristigen Geschäftsbeziehungen und zum Erfolg zu führen. Zudem verkörpern ältere Menschen den kommerziellen Wert von Intuition und Emotionen. Wenn wir in westlichen Gesellschaften Entscheidungen eher rational treffen, so ist es in *bantu*-sprachigen Gruppen eher der Fall, dass Entscheidungen aus dem Gefühl heraus und auf Grund von Intuition getroffen und das dies – auch verbal! – ausgedrückt wird. Entscheidungsfindung entsteht somit oftmals nach langen Beratungsgesprächen oder Meditationen, in die die eigenen Gefühle und Lebenserfahrungen eingebracht werden.

Somit spielt im Geschäftsleben das Alter eine noch stärker ausschlaggebende Rolle als das Geschlecht. Als älterer Frau wird Ihnen ebenfalls viel Respekt entgegengebracht und Lebenserfahrung zugestanden. Vergessen Sie jedoch nicht, dass Ihnen als Frau immer eine Möglichkeit mehr bleibt als Ihren männlichen Geschäftspartnern. Knüpfen Sie Kontakte zu den weiblichen Familienmitgliedern. Als Frau haben Sie immer die Chance sich nach der Frau des Geschäftsführers oder des Seniors zu erkundigen, ihr Grüße zu bestellen und das Ehepaar gemeinsam zum Essen einzuladen. Sie werden merken, dass sich Ihnen neue Bereiche der Familie eröffnen können, die Ihren männlichen Kollegen verborgen bleiben. Auch wenn *schwarzafrikanische* Frauen in Familienbetrieben nicht sichtbar und öffentlich eingebunden sind, so haben sie trotzdem einen großen Einfluss in der Familie, die eng mit dem Geschäft verbunden ist.

Wenn Sie nun dieses Hintergrundwissen mitbringen, so gehen Sie folgendermaßen vor:

- Nehmen Sie Kontakt zum Geschäftsführer auf, der meist *Englisch* spricht, westlich trainiert sein mag und wirtschaftlicher Experte ist – jedoch trotz alledem keine Entscheidungsgewalt in der Firma innehat.
- Erkundigen Sie sich, in welcher Weise der Geschäftsführer mit welchen Personen verbunden ist.
- Versuchen Sie eine Allianz mit dem Geschäftsführer aufzubauen.
- Als Frau können Sie versuchen, Kontakte zu den weiblichen Familienmitgliedern aufzunehmen, um stärker in diese Allianzen eingebunden zu werden.
- Anschließend können Sie den Geschäftsführer bitten, dass er Sie seiner Verwandtschaft vorstellt, die hauptsächlich die Entscheidungen in der Firma trifft.

UBUNTU
PLANNERER

Themenbereich 4: Personalmanagement

Beispiel 8: Personelle Fehlentscheidung?

Situation

Die Firma Mac Clean, die ihren Hauptsitz in Johannesburg hat, ist von dreißig Firmen in der Provinz *Gauteng* beauftragt worden, Gebäudereinigungen vorzunehmen. Die Mitarbeiter von Mac Clean, die hauptsächlich aus den Ethnien der *Sotho, Tswana, Ndebele* und *Xhosa* stammen, arbeiten zwischen 22 Uhr und 6 Uhr. In dieser Zeit reinigen sie unterschiedliche betriebliche Einrichtungen. Von einzelnen Firmen gab es in den letzten Monaten Beschwerden, dass die Räume nicht gründlich genug oder gar nicht gereinigt wurden. Der regionale Mac-Clean-Manager H. Müller möchte daher einen jungen und strebsamen Mitarbeiter aus der Reinigungskolonne selbst als Supervisor einstellen, damit die Kolonne während der Reinigungszeiten fachliche Anleitung bekommt und die Qualitätskontrolle gewährleistet ist. Herr Nkosi, fünfunddreißig Jahre, scheint am geeignetesten zu sein und erhält daher eine Fortbildung zum Supervisor. Doch schon nach einigen Tagen scheint es Probleme zu geben. Herr Nkosi wirkt verwirrt und ist nicht bei der Sache. Er ist seiner Aufgabe als Supervisor immer weniger gewachsen. Nach drei Monaten wird Herr Nkosi mit schweren Krankheitssymptomen von seiner Familie in eine psychiatrische Klinik eingeliefert. Das *weiße* Management überlegt warum sich der anfangs so vielversprechende Mitarbeiter in seiner neuen Position so verändert hat.

Was ist der Grund für Herrn Nkosis starke Persönlichkeitsveränderung?

- Lesen Sie nun die Antwortalternativen nacheinander durch.
- Bestimmen Sie den Erklärungswert jeder Antwortalternative für die gegebene Situation und kreuzen Sie ihn auf der darunter befindlichen Skala entsprechend an. Es ist möglich, dass mehrere Antwortalternativen den gleichen Erklärungswert besitzen.

Deutungen

a) Herr Nkosi ist zu jung für seine neue Position und wird daher den Ansprüchen der Stellung nicht gerecht.

sehr zutreffend	eher zutreffend	eher nicht zutreffend	nicht zutreffend

b) Die Mitarbeiter haben Herr Nkosi verhexen lassen, weil sie ihn nicht in dieser Position sehen wollten.

sehr zutreffend	eher zutreffend	eher nicht zutreffend	nicht zutreffend

c) Herr Nkosi hatte aus der Sicht der Mitarbeiter nicht den richtigen ethnischen Hintergrund, um die Leitungsfunktion zu übernehmen.

sehr zutreffend	eher zutreffend	eher nicht zutreffend	nicht zutreffend

- Versuchen Sie, Ihre Einstufung jeder Antwortalternative zu begründen. Halten Sie die Begründung in schriftlicher Form stichpunktartig fest.
- Lesen Sie nun die Erläuterungen zu jeder Antwortalternative durch und vergleichen Sie diese mit Ihren eigenen Begründungen.

■ Bedeutungen

Erläuterung zu a):
In deutschen Servicebetrieben, insbesondere privaten Reinigungsunternehmen, gilt als Regel, dass junge, qualifizierte und im Umgang mit Menschen geschickte Personen relativ zügig leitende Positionen im Unternehmen einnehmen können. Dabei spielt es keine Rolle, ob diese Person eine Kolonne anführt, die überwiegend aus älteren weiblichen Reinigungskräften oder aus jungen Männern besteht. Nicht das Alter der Führungsperson, sondern die individuelle Eignung ist maßgeblich. In Südafrika muss diese Aussage differenziert werden, denn hier herrscht in Unternehmen, die Mitarbeiter aus verschiedenen Bevölkerungsgruppen beschäftigen, oftmals Unstimmigkeit über die richtige Auswahl der Führungskräfte. Die Aspekte, um die es dabei geht, lassen sich in den folgenden vier Fragen darstellen:

- Soll das Alter als ausschlaggebender Faktor betrachtet werden, wie es besonders in *schwarzen* Bevölkerungsgruppen die Regel ist?
- Ist es die persönliche Qualifikation des Mitarbeiters, die, wie in diesem Fall, die *weißen* Vorgesetzten dazu veranlasst, dem Mitarbeiter eine Führungsposition anzubieten?
- Hat die Zugehörigkeit zu einer bestimmten Bevölkerungsgruppe einen höheren Wert als die Zugehörigkeit zu einer anderen?
- Ist die Loyalität beispielsweise eines Kolonnenführers gegenüber den Mitarbeitern – also eventuell gegenüber seiner eigenen ethnischen Gruppe – ernster zu nehmen als der sichtbare Nutzen für das Unternehmen?

Da es sich in diesem Fall um ein Großunternehmen handelt, das Mitarbeiter aus allen großen Bevölkerungsgruppen Südafrikas eingestellt hat, kann durchaus damit gerechnet werden, dass qualifizierte Mitarbeiter, auch wenn sie jünger sind, Zugang zu Führungspositionen erhalten. Das Alter als Faktor für die Auswahl für höhere Positionen spielt in solchen großen gemischten Unternehmen, die weder auf Familien- noch auf Clanbasis errichtet worden sind, eine immer geringere Rolle.

Erläuterung zu b):
Überregionale südafrikanische Tageszeitungen berichten häufig über die Tätigkeiten von *Sangomas,* einheimischen Fachleuten also, die Magie, Hexerei und Zauberei ausüben. *Sangomas* sind hochgeachtet, die Wirkung ihrer Arbeit ist nicht nur im Alltag der Familien zu spüren, sondern berührt auch das Arbeitsleben. Jüngst wurde eine Frau vom Provinzgericht in Upington wegen Veruntreuung von öffentlichen Geldern verurteilt. Sie hatte zu ihrer Verteidigung angegeben, von einem *Sangoma* den Auftrag erhalten zu haben, diese Gelder zur Bezahlung eigener Verbindlichkeiten an sich zu nehmen. Trotz des Verweises auf die Autorität musste die Angeklagte hinter Gitter. *Sangomas* werden – und dieses Phänomen wird von Europäern oft übersehen – auch dazu eingesetzt, Krankheiten »zu vermitteln«. In unserem konkreten Fall ist es wahrscheinlich, dass von den Mitarbeitern der Reinigungskolonne ein *Sangoma* damit beauftragt worden ist, den missliebigen und von oben eingesetzten Kolonnenleiter zu verhexen. Welche Gründe im Einzelnen dazu geführt haben, ist schwer nachvollziehbar, alleine an den Symptomen progredienter Demenz ist abzulesen, dass da etwas nicht stimmen kann. Zwar hat sich das Management alle Mühe gegeben, diesen qualifizierten Mitarbeiter in eine leitende Funktion zu bringen, doch waren offensichtlich andere Energien stärker. Daher ist es in einer ähnlichen Situation geboten, sich mit den Mitarbeitern in der Kolonne abzusprechen, um die Loyalität unter den Mitarbeitern zu gewährleisten und die Akzeptanz des Supervisors zu erreichen.

Erläuterung zu c):
Seitdem *affirmative action* als Programm 1994 vorgeschlagen und im Jahr 2000 Gesetz geworden ist, spielen Animositäten zwischen Angehörigen der verschiedenen Bevölkerungsgruppen in der Konkurrenz um knapper werdende Arbeitsplätze oder höher dotierte Führungspositionen eine eminente Rolle. Fakten wurden in der Justiz, der Armee und der Polizei geschaffen, indem sukzessive »*weiße* Positionen« mit *Schwarzen* besetzt wurden. Die Umbesetzungen betreffen sowohl die Exekutive als auch managementbezogene Tätigkeiten auf nationaler, provinzialer und kommunaler Ebene. Dieses politische Paradigma

wird zur Zeit auf das Bankenwesen übertragen und es wird erwartet, dass die Privatwirtschaft nachzieht. Alle Unternehmen, die mehr als fünfzig Arbeitskräfte beschäftigen, müssen seit zwei Jahren dem Arbeitsministerium in einem Bericht Rechenschaft ablegen über:

- geplante Personaleinstellungen aus den *schwarzen* Bevölkerungsgruppen,
- Einstellungskriterien,
- Art der Positionen,
- Arbeitsbedingungen im Betrieb,
- Aufstiegschancen der *schwarzen* Arbeitnehmer.

Um Nachfragen durch die Regierung oder auch durch die starken Gewerkschaften zuvorzukommen, ist es daher wichtig, die Einstellungskriterien sorgfältig zu durchdenken und zu formulieren. Für ausländische Investoren ist es entscheidend, *schwarze* Arbeitskräfte einzustellen, auch wenn nicht immer die erforderliche Qualifikation nachgewiesen werden kann. Es wird nämlich erwartet, dass Mitarbeiter mit entsprechenden Lernfähigkeiten und Motivationen betriebsintern ausgebildet werden. Hier gibt es Versuche, mit Hilfe deutscher Experten der Entwicklungszusammenarbeit in Südafrika das Duale System beruflicher Bildung einzuführen, um Qualifizierungsrückstände auszugleichen.

Zu berücksichtigen ist auch die Situation der unterschiedlichen Bevölkerungsgruppen hinsichtlich ihrer Chancen, einen Arbeitsplatz zu finden:

- *Weiße* Arbeitskräfte sehen ihre noch vor wenigen Jahren unangefochtene Stellung auf dem Arbeitsmarkt zu Recht gefährdet. Es ist zu beobachten, dass es eine zunehmende Anzahl von Arbeitslosen, Bettlern und Obdachlosen auch unter dieser Bevölkerungsgruppe gibt. Für viele jüngere *Weiße* bleibt nur die Wahl zwischen der Auswanderung nach England, Australien, Neuseeland oder in die USA. Bevorzugt werden die Commonwealth-Länder, da die Einreise hier unproblematisch ist. Eine andere Option für *Weiße* besteht darin, sich selbstständig zu machen. So entstehen Unternehmungen im Tourismus- und Servicebereich. Die unter der heutigen *schwarzafrikanischen*

Regierung am stärksten gefährdete Gruppe ist die der jungen, städtischen, männlichen Hochschulabsolventen, die faktisch auf dem öffentlichen Arbeitsmarkt kaum eine Chance auf Einstellung hat. Nur eine geringe Anzahl von Spezialisten aus dieser Bevölkerungsgruppe kann sich noch auf dem Arbeitsmarkt etablieren.

– Mitglieder der *farbigen* Bevölkerungsgruppen sind nicht ganz so problematisch auf Stellen zu vermitteln, jedoch schwieriger als *Schwarze*. Sie nehmen also in der vierhundertjährigen Geschichte Südafrikas die Rolle einer von zwei Seiten bedrängten Bevölkerungsgruppe ein. Sie wurden von den *Weißen* zur Assimilation gedrängt, in *Afrikaans*-Schulen erzogen und als Puffergruppen gegenüber der *schwarzen* Bevölkerungsmehrheit ideologisch und politisch stark im Interesse der *weißen* Bevölkerung beeinflusst. Heute werden die *Farbigen* oftmals von der nunmehr herrschenden *schwarzen* Bevölkerung von oben herab betrachtet. Auf dem langen Marsch zur Freiheit hatte sich die Mehrheit der *Farbigen* eher an der *weißen*, politisch herrschenden Klasse orientiert und den Kampf gegen die Apartheid nicht so entschieden geführt wie die *schwarze* Bevölkerung. Aus diesen Gründen werden Angehörige der *farbigen* Bevölkerungsgruppen häufig bis heute von *Schwarzafrikanern* nicht vollständig akzeptiert.

Sozialpsychologisch gesehen teilen viele *Farbige* das Bewusstsein sowohl in der Geschichte der Apartheid die Underdogs gewesen zu sein als auch jetzt unter dem Zeichen der *African Renaissance* erneut die ewigen Zweiten zu sein. Dieses kollektive Inferioritätsgefühl wird täglich dadurch genährt, dass bei gleicher Qualifikation stets ein *Schwarzafrikaner* den Vortritt erhält.

– Die heutige arbeitsrechtliche Lage begünstigt einseitig die *schwarzen* Arbeitnehmer, um so einen Ausgleich zu den Jahrzehnten der Apartheid zu schaffen. Der Tendenz nach sollten alle Unternehmen in Südafrika etwa siebzig Prozent *Schwarze*, zehn Prozent *Farbige*, zehn Prozent *Asiaten* und zehn Prozent *Weiße* einstellen. Das Verhältnis der Bevölkerungsgruppen bei der Einstellung von Arbeitnehmern soll sich freilich jeweils an der regionalen Zusammensetzung der Bevölkerung orientieren – je nachdem, in welcher Region das Unternehmen tätig ist. Diese arbeitsrechtliche Politik hat verschiedene psychologische Effekte. Manche *Weiße* und *Farbige* sprechen heute daher von einer neuen, umgekehrten Apartheid, ja sogar von Rassismus. Viele *Schwarze* hingegen erleben diese neue Regelung als lang erkämpften Lohn oder Ausgleich für das große Unrecht, das ihnen angetan worden ist. Es gibt viele Stimmen, die hervorheben, dass die *Schwarzen* eben nicht auf Rache oder Vergeltung sinnen, sondern die Missachtung und Diskriminierung vergeben. Vor diesem Hintergrund sind die starken Bemühungen um Wiedergutmachung im ideologisch-politisch-kirchlichen Bereich genauso zu unterstreichen wie die Bemühungen um Versöhnung, Mediation oder Schlichtung im Arbeitsbereich, beispielsweise durch das Council for Conciliation, Mediation and Arbitration (CCMA).

Oftmals kann die starke Berücksichtigung *schwarzer* Arbeitnehmer loyalitätsbildend wirken und somit betriebliche Harmonie und Zusammenarbeit fördern.

Wenn man die genannten Gesichtspunkte berücksichtigt, kann es durchaus sein, dass ethnische Fragen und damit verbundene Loyalitätskonflikte eine entscheidende Rolle bei diesem Arbeitsplatzkonflikt gespielt haben. Arbeitgeber sind daher gut beraten, die betriebliche Loyalität gegenüber Loyalitätsproblemen auf nachgeordneter Ebene nicht auszuspielen. Im vorliegenden Fallbeispiel jedoch gibt es noch eine tiefer liegende Ebene, die ausschlaggebend für Herrn Nkosis Krankheitssymptome ist (vgl. Erläuterung zu B.).

■ Beispiel 9: Die Ausnahme ist die Regel

■ Situation

Sofort nach dem Regierungswechsel im Jahr 1994 hat Frau Peterson ihre Chance ergriffen, im *Security-Systems*-Bereich einzusteigen und eine florierende *Armed-Response*-Firma in Bloemfontein, *Freistaat* gegründet. Die Kriminalitätsrate ist besonders in den Städten stark gestiegen, so dass ihr Einstieg in den Markt auf keine größeren Hindernisse stieß. Ihr *schwarzer* Manager, Herr Mbuso, führt das Geschäft so effektiv und zuverlässig, dass der Betrieb von Jahr zu Jahr weiter expandiert. Das funktioniert deshalb so gut, weil Herr Mbuso einen guten informellen Draht zu seinen Mitarbeitern pflegt und Probleme immer sogleich intern klärt. Frau Peterson ist sehr zufrieden. Leider ist es in letzter Zeit mehrfach vorgekommen, dass aus der Firma Elektrozauneinheiten und Kleinmaterialien verschwanden. Als Frau Peterson davon erfährt, ist sie geschockt. Es gibt zwar einen Verdächtigen, aber keinen Beweis. Frau Peterson nimmt Kontakt mit dem verantwortlichen Manager auf, denn sie möchte den Fall gemeinsam mit ihm klären. Sie schlägt vor, sofort die Polizei zu informieren. Herr Mbuso rät jedoch davon ab und schlägt einen Weg vor, der aus seiner Perspektive als Manager angemessen erscheint.

Welchen Weg schlägt Herr Mbuso Frau Peterson zur Klärung der Situation vor?

- Lesen Sie nun die Antwortalternativen nacheinander durch.
- Bestimmen Sie den Erklärungswert jeder Antwortalternative für die gegebene Situation und kreuzen Sie ihn auf der darunter befindlichen Skala entsprechend an. Es ist möglich, dass mehrere Antwortalternativen den gleichen Erklärungswert besitzen.

Deutungen

a) Herr Mbuso schlägt vor, den Fall selbst zu übernehmen und ihn intern auf informeller Ebene mit dem Verdächtigten zu klären.

sehr zutreffend | eher zutreffend | eher nicht zutreffend | nicht zutreffend

b) Herr Mbuso rät ihr, den Rechtsweg zu beschreiten, um die Glaubwürdigkeit der Geschäftsleitung zu wahren.

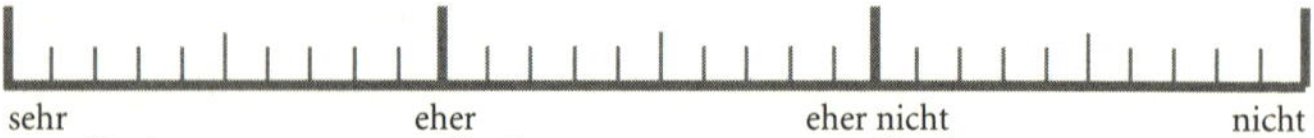

sehr zutreffend | eher zutreffend | eher nicht zutreffend | nicht zutreffend

c) Herr Mbuso schlägt vor, die Freunde und Verwandten des Verdächtigen zu verpflichten, den vollen Gegenwert für die verschwundenen Gegenstände aufzubringen.

sehr zutreffend – eher zutreffend – eher nicht zutreffend – nicht zutreffend

- Versuchen Sie, Ihre Einstufung jeder Antwortalternative zu begründen. Halten Sie die Begründung in schriftlicher Form stichpunktartig fest.
- Lesen Sie nun die Erläuterungen zu jeder Antwortalternative durch und vergleichen Sie diese mit Ihren eigenen Begründungen.

Bedeutungen

Erläuterung zu a):
Natürlich kann es schon einmal vorkommen, dass ein verantwortlicher Betriebsangehöriger mit anderen Mitarbeitern eine interne Regelung auf informeller Ebene trifft. Das ist jedoch meist bei kleineren Problemen oder Missverständnissen der Fall. In unserem Fall schätzt Herr Mbuso die Situation so ein, dass interne Regelungen nicht ausreichend sind, um die Gegenstände oder deren Gegenwert wiederzubekommen, denn er nimmt an, dass der Dieb die Gegenstände bereits verkauft und das »verdiente« Geld ausgegeben hat. Geld und Gegenstände wären somit unwiederbringlich verloren und würden von dem Dieb mit hoher Wahrscheinlichkeit nicht ersetzt werden können.. Aus diesem Grund entscheidet sich Herr Mbuso, den Dieb nicht auf informeller Ebene anzusprechen, sondern lieber einen anderen Weg der Lösungsfindung zu suchen.

Erläuterung zu b):
Für einen in Südafrika tätigen deutschen Manager ist es überaus wichtig, angesichts von Unregelmäßigkeiten, die das betriebliche Eigentum angehen – seien es Eigentumsdelikte oder auch die unberechtigte Nutzung von Anlagen –, Klarheit zu schaffen. Um diese Vorgänge wirkungsvoll abzustellen kann er auch Anzeige

erstatten und vor Gericht gehen. In gleicher Weise könnte Herr Mbuso vorgehen. Er würde ein Exempel statuieren und damit seine Position und sein Gesicht wahren. Die Beweislage ist jedoch nicht zureichend, um vor Gericht zu gehen. Daher überlegt sich Herr Mbuso eine andere Methode, um mit dem Fall zurechtzukommen.

Erläuterung zu c):
Wie können verlorene oder verschwundene Betriebsmittel ersetzt werden, ohne dass es einer Kündigung oder eines gerichtlichen Verfahrens bedarf? Wenn ein afrikanischer Mitarbeiter vor Gericht oder wohl möglich ins Gefängnis kommt, ist damit zu rechnen, dass seine Familienangehörigen und sogar seine Freunde Schaden nehmen. Denn oftmals ist bei der aktuellen Stellenknappheit nur ein Mitglied der Familie in Lohn und Brot und versorgt mit seinem Einkommen drei oder vier Generationen: von den Großeltern über die Eltern bis zu den Kindern. Darüber hinaus ist der betroffene Arbeiter auch – soweit sein Einkommen das zulässt – seinen Freunden verpflichtet, die wiederum ihn unterstützen, wenn er selbst Probleme zu bewältigen hat. Wir sprechen deshalb von einem System gegenseitiger Gefälligkeiten, das besonders bei der *schwarzen* Bevölkerung traditionell verankert und bis heute wirksam ist. Hier können unendliche Zirkel von ausgesprochenen Bitten und erwiesenen Gefallen entstehen. Es wird nicht gefragt, was eine Person als Gegenleistung für eine erfüllte Bitte, wie beispielsweise persönliche oder geschäftliche Dienstleistungen, erhält. Sollte Sie Ihr Partner um etwas bitten, so können Sie sich frei fühlen, ihn ebenfalls um einen Gefallen zu bitten. Manchmal ist dies noch nicht einmal nötig, denn Bitten werden oftmals erfüllt, ohne dass sie überhaupt ausgesprochen werden müssen. Mit der Zeit werden Sie ein Gefühl dafür entwickeln, wann eine Bitte erfüllt werden kann. Bitten und entsprechende Leistungen werden nicht gegeneinander aufgerechnet und brechen nicht nach einer Runde ab. Bitten können in einer Allianz auch ohne Gegenleistung über lange Zeit hinweg gestellt und erfüllt werden. Dies kann in unregelmäßigen Abständen geschehen und sich über Jahre hinziehen, bis dann einmal der bisherige Empfänger von Gefälligkeiten an der Reihe ist, einen Gefallen zu erweisen.

Sollten Sie sich dieses Systems bedienen, werden Sie mit der Zeit in die »fiktionale Verwandtschaft« der Firma und Ihres Geschäftspartners aufgenommen werden. Eine nicht erfüllte Bitte kann bei Schwarzafrikanern aus *Bantu*-Kulturen unangenehme Gefühle der Scham, der sozialen Ausgrenzung und der Angst vor negativen Reaktionen der Vorfahren auslösen, die dann wie ein Bumerang auf Sie zurückfallen. Diese Glaubensvorstellungen besonders in Bezug auf Vorfahren und Verstorbene sind bis heute in afrikanischen Gesellschaften weit verbreitet und werden als überaus real empfunden. Gefallen können sowohl zwischen Personen mit gleichem als auch zwischen solchen mit unterschiedlichem Status erwiesen werden. Reiche *Bantu*-Manager folgen dabei eher einer *Elder Brother Strategy*, das heißt sie suchen einen sozial und kommerziell anerkannten Status durch ihre Großzügigkeit gegenüber Untergeordneten zu erreichen. Diese unterliegen somit als Empfänger einer permanenten Verpflichtung. Die Geldgeber bekommen entsprechend die Rolle des großen Bruders zugeschrieben, die Empfänger übernehmen die des kleinen Bruders. Die kleinen Brüder, die die Bitten ihres großen Bruders zumeist aus finanziellen Gründen nicht oder nicht statusgerecht erfüllen können, bringen stattdessen andere Gegenleistungen. Sie erfüllen Bitten durch symbolische Akte, Gastfreundschaft, Einladungen, kleine Geschenke oder indem sie ihre Zeit, ihre Arbeitskraft und ihre Energie zur Verfügung stellen. Diese *Younger Brother Strategy* kann somit beiden Seiten dienen.

Neu einsteigende Manager aus Europa können in diese Rolle der jüngeren Brüder schlüpfen, um sich durch die älteren Brüder, meist wohlhabende und erfolgreiche afrikanische Geschäftspartner, leiten zu lassen. Für *Bantu*sprechende Menschen haben beide Rollen, die Rolle des jüngeren Bruders wie die des älteren, ihre eigene Würde und Ehre, denn bereits die gegenseitige Abhängigkeit ist wünschenswert und verleiht beiden Personen einen größere Würde. So ehren Söhne ihre Väter, Schüler ihre Lehrer und Unternehmer ihre Sponsoren. Diese Art der Bindung gibt Sicherheit im Geschäftsleben und mindert Risiken.

Herr Mbuso kennt dieses System aus der eigenen Familie und wendet es auf diesen Fall an. Da der Verdächtige einen Teil des Betriebseigentums bereits veräußert hat und nicht mehr allein für die Wiederbeschaffung herangezogen werden kann, setzt Herr Mbuso die Freunde und Verwandten des Verdächtigten unter Druck, soviel Geld zu beschaffen, dass der volle Wert des gestohlenen Betriebseigentums zusammenkommt. Dadurch wird er seiner Rollenfunktion gerecht und mindert gleichzeitig soziale Verwerfungen im Betrieb.

■ Kultureller Hintergrund: *Ubuntu* – soziales Netzwerkmanagement

Konkret stellt sich nun für deutsche Manager und Führungskräfte die Frage, welche Methoden und Instrumente des afrikanischen Managements in der interkulturellen Kooperation Beachtung finden können, so dass beide Seiten davon profitieren und erfolgreiche Verhandlungen und Kooperationen stattfinden.

■ Zum Wortverständnis

Ubuntu ist ein afrikanischer Lebensstil, eine Philosophie, die im alltäglichen Leben aus überlieferten Traditionen heraus praktiziert wird. Erasmus D. Prinsloo verbindet in seinem Aufsatz »*Ubuntu* Culture and Participatory Management« (Coettzee 1998, S. 41 ff.) dieses philosophische Wertekonzept mit den neuen wirtschaftlichen Anforderungen der südafrikanischen Gesellschaft. Wort und Konzept *Ubuntu* kennen keine direkte Übersetzung in westliche Sprachen. Alle Wertbegriffe, die darin eingebunden sind, haben eine ganz bestimmte ideologische Gebundenheit. Der Kulturstandard *Ubuntu* betont als wichtiges Kulturmerkmal die menschliche Würde und den Zugang zum harmonischen und friedlichen Zusammenleben (Prinsloo 1998, S. 49). Oft wird das *Xhosa/Zulu*-Wort *Ubuntu* frei mit Menschsein übersetzt. Eine Person ist eine Person durch andere Menschen. Oder: »Ich bin, weil du bist«, und erweitert: »Du bist, weil wir sind«. *Ubuntu* ist in seiner Tiefe also ein urafrikanisches Konzept, das auf einer kollektivistischen Grundhaltung basiert und die Menschenfreundlichkeit anspricht.

Merkmale von *Ubuntu*

Ubuntu wird beschrieben als afrikanische Art und Weise das Leben, die Welt und die Menschen und Dinge zu betrachten. *Ubuntu* ist eine Art kollektives Bewusstsein, eine eigene Religion, eine ethnische Sicht der Dinge und ein eigener Entwurf politischer Ideologie.

Ubuntu manifestiert sich im Alltag, in den Verhaltensweisen der Menschen, der kreativen Ausdruckskraft und der spirituellen Selbsterfüllung. Sie zeigt sich im universellen Gefühl der Bruderschaft, im afrikanischen Weg des Teilens, des Gebens und des Nehmens. Und wie man es auch ausdrücken möchte, *Ubuntu* zeigt sich darin, wie man sich mit anderen Menschen versteht, wie man sie behandelt oder wie sich der Mensch als soziales Wesen in die Gemeinschaft eingliedert – als afrikanischer Humanismus. Hier besteht die »wahre Menschlichkeit«, die jeder Person innewohnt, in der offenen Kommunikation, im Empathievermögen sowie im gegenseitigen, einfühlenden Verständnis. Ausdruck findet *Ubuntu* in der zwischenmenschlichen Interaktion, die reziprok und kooperativ aufgebaut ist. Das höchste Prinzip von *Ubuntu* ist die Harmonie aller Beziehungen. Sinnfällig lässt sich diese Harmonie über die Partizipation der Teilnehmenden und über das Teilen von Gütern und Werten beschreiben.

Ein weiteres Merkmal von *Ubuntu* ist die Moral, die sich in zahlreichen Verpflichtungen ausdrückt, durch die Menschen untereinander in unterschiedlichem Grad verbunden sind. Es handelt sich also um eine Art soziale Moral, die sich ebenso in der Kommunikation, im sozialen Umfeld, im Gesetz und in der Erhaltung der Natur ausdrückt. Menschheit und Natur sind in *Ubuntu* eins.

In *Ubuntu* geht es immer um Werte, die ihre Wurzel in der Menschlichkeit haben, sowie um weitere Facetten afrikanischer Traditionen von Beratschlagen und Beratung, von Entscheidungsfindung, von individueller Kreativität am Arbeitsplatz, die zusammenspielt mit Kooperation und gemeinsamem Besitz. Persönliches Wachstum und Gemeinschaft stehen immer in Beziehung zueinander – »Ich bin, weil du bist« –, genauso, wie die menschliche Existenz sich aus mentalen und physischen Faktoren zusammensetzt. So entsteht die menschliche Würde, die eng an afrikanische Rationalität und Moral gekoppelt ist.

■ Ausgesuchte Wirkungsbereiche von *Ubuntu*

Ubuntu ist weiterhin Lebensfreude, Glück und Erfüllung im Kontext des afrikanischen Großfamilienkonzepts, das die Quelle bestimmter Werte, wie beispielsweise Höflichkeit, Sympathie und Respekt ist: Respekt gegenüber älteren Menschen, die über große Erfahrung verfügen und somit großen Einfluss haben. Ein weiterer Schwerpunkt liegt auf Pflichten und Tugenden, die den Rechten des Individuums einen gewissen Spielraum geben.

In verschiedenen sozio-ökonomischen wie auch sozio-politischen Bereichen soll das Konzept von *Ubuntu* wiederbelebt werden, um eine neue Basis für die »Vielfalt in der Einheit« und die neue Identität der Nation zu schaffen. Für die neu entstehende südafrikanische Gesellschaft kann *Ubuntu* in der Ökonomie und anderen sozio-kulturellen Bereichen hierarchische Strukturen überwinden helfen und einen Weg weisen, um zu kooperativen und kollektiven Umgangsformen und Solidarität zurückzukehren.

■ Kulturspezifische Konfliktpotenziale hinsichtlich Ubuntu

Ein Konfliktpotenzial liegt jedoch in dem Punkt, dass der afrikanische Humanismus eher von spirituell-religiösen Erfahrungen, Emotionen, von Expansivität und Transparenz geprägt ist. Der westliche Humanismus ist hingegen eher vom Intellekt bestimmt, individualistisch und ästhetisch geprägt. Demnach stellt sich die Frage, wie beide Auffassungen in der südafrikanischen Gesellschaft wirksam sein können ohne zu konkurrieren und wie sie –besonders auch in der ökonomischen Zukunft – zusammenwirken können.

Westliche Führungsstile, die von *Schwarzafrikanern* meist als direktiv-autoritär erlebt werden, lösen oftmals Emotionen wie

Angst, Wut, Bitterkeit und Schuldgefühle bei den Arbeitnehmern aus. Durch den Verhandlungsprozess im *Ubuntu*-System können sich negative Gefühle von Arbeitnehmern und Arbeitgebern besser lösen. Hier wird die beiderseitige Verantwortung von Arbeitnehmern und Arbeitgebern angesprochen, die beide Seiten an einem Strang ziehen lässt.

PLANNERER

■ Themenbereich 5: Kooperationspartner

■ Beispiel 10: Ein Kulturfestival

■ Situation

Nachdem Frau Andrew mehr als zwei Jahrzehnte in Europa im Management einer internationalen Hotelkette tätig gewesen ist, hat sie sich nun entschlossen, im Bereich der Organisation großer südafrikanischer Kulturfestivals das Promoting zu übernehmen. Sie erhält einen attraktiven Auftrag und ist sehr froh darüber, dass sie eine Partnerin für ihr Unternehmen gefunden hat. Diese stammt aus den Mitchells Plains, einer bis heute ausschließlich von *Farbigen* bewohnten Gegend. Ins Büro fährt sie täglich nach Gardens, einem überwiegend von *Weißen* bewohntem Stadtviertel in Kapstadt. Die Kooperation verläuft für beide Parteien zufrieden stellend: Frau Andrew bringt das Kapital ein, ihre Partnerin Frau Nyanga ihre lokalen und überregionalen Beziehungen und Kontakte zu Geschäftspartnern. Da Frau Andrew das Kapital einbringt und somit ein größeres Risiko trägt als Frau Nyanga, erhält sie einen größeren Gewinnanteil. Das Festival wird ein großer Erfolg, doch als nun die Endabrechnung und Überprüfung der Buchhaltung ansteht, die bislang Frau Nyanga übernommen hat, fehlen 250 000 Rand. Und zudem ist Frau Nyanga seit diesem Tag unauffindbar.

Wie ist das Verhalten von Frau Nyanga zu erklären?

- Lesen Sie nun die Antwortalternativen nacheinander durch.
- Bestimmen Sie den Erklärungswert jeder Antwortalternative für die gegebene Situation und kreuzen Sie ihn auf der darunter

befindlichen Skala entsprechend an. Es ist möglich, dass mehrere Antwortalternativen den gleichen Erklärungswert besitzen.

Deutungen

a) Als afrikanische Buchhalterin nimmt Frau Nyanga an, dass sie eigenständig Entscheidungen über Auszahlungen treffen kann.

sehr zutreffend | eher zutreffend | eher nicht zutreffend | nicht zutreffend

b) Frau Nyanga fühlt sich von Frau Andrew über den Tisch gezogen, weil sie weniger Gewinnanteile erhält als diese, und bedient sich daher selbst.

sehr zutreffend | eher zutreffend | eher nicht zutreffend | nicht zutreffend

c) Frau Nyanga glaubt, es finden keine Kontrollen statt. Weil Frau Andrew keine Zwischenkontrollen vornimmt, nutzt sie diese Situation aus.

sehr zutreffend | eher zutreffend | eher nicht zutreffend | nicht zutreffend

- Versuchen Sie, Ihre Einstufung jeder Antwortalternative zu begründen. Halten Sie die Begründung in schriftlicher Form stichpunktartig fest.
- Lesen Sie nun die Erläuterungen zu jeder Antwortalternative durch und vergleichen Sie diese mit Ihren eigenen Begründungen.

■ Bedeutungen

Erläuterung zu a):
Als Buchhalterin fühlt sich Frau Nyanga verantwortlich für die Einnahmen und Ausgaben, die für die Planung und Durchführung des Kulturfestivals anfallen. Jedoch kann Frau Nyanga in ihrer Position keinesfalls Entscheidungen über Ausgaben alleine treffen. Solche Entscheidungen bedürfen gerade in afrikanischen Kulturen immer einer Anweisung von oben. Auch wenn Frau Nyanga dazu befähigt und beauftragt wäre, über Auszahlungen eigenständig zu entscheiden und sie durchzuführen, so müsste sie nach traditioneller Art immer Rücksprache mit der Führungsetage halten. In diesem Fall, in dem Frau Andrew und Frau Nyanga gleichberechtigte Partnerinnen sind, müssten auch hier bei Auszahlungen immer Absprachen getroffen und es müsste Konsens hergestellt werden. Diese Erklärung ist daher nicht sehr wahrscheinlich.

Erläuterung zu b):
Es ist faktisch richtig, dass Frau Andrew und Frau Nyanga sich darauf geeinigt haben, dass Frau Andrew höhere Gewinnanteile erhält als Frau Nyanga, da sie mit der Einbringung des Kapitals ein höheres Risiko trägt. Frau Nyanga hat dem zwar zugestimmt, sie hat aber trotzdem das Gefühl, dass sie zu kurz gekommen ist, denn sie hatte bislang in ihrem Leben keine Chance, Kapital anzusammeln, um damit eine bessere Position und einen höheren Status zu erlangen. Sie hat gleichsam einen tief verwurzelten Minderwertigkeitskomplex, der nicht nur individuell greifbar wird, sondern Merkmal der Psyche einiger in der Vergangenheit benachteiligter Bevölkerungsgruppen ist (vgl. Kultureller Hintergrund: Konfliktpotenzial durch »ethnische Diversität«). So wird Frau Nyanga nun versuchen, sich den Anteil, den sie für sich selbst reklamiert, eigenständig auszuzahlen. Sie entschädigt sich somit selbst für die kollektiv und individuell erfahrene Benachteiligung. Das Handeln von Frau Nyanga spielt sich in einem Konfliktfeld von Legalität und Legitimität ab. Es ist ihr zwar bewusst, dass die Aneignung fremden Geldes rechtlich gesehen Diebstahl ist und somit der Strafverfolgung unterliegt. Um dieser

zu entgehen, muss sie untertauchen. Aber wichtiger für ihre Handlungsentscheidung ist für Frau Nyanga die Auffassung, dass das von ihr verübte Eigentumsdelikt vor dem Hintergrund erlittenen Leides völlig legitim ist. Aus diesem Grund ist dies die zutreffendste Antwort.

Erläuterung zu c):
Dass in der Beispielsituation von einer zufrieden stellenden oder sogar guten Kooperation zwischen den beiden Partnerinnen die Rede ist, deutet auf stimmige personale Beziehungen zwischen den beiden Frauen hin. Alleine schon dieser Umstand lässt es als wenig wahrscheinlich erscheinen, dass Frau Nyanga eine Möglichkeit nutzen würde, mit dem Geld zu entkommen. Die mangelnde Kontrolle wird im Regelfall durch eine gute Beziehung zwischen den Partnern ausgeglichen. Kontrolle ist nur da notwendig, wo schwache personale Beziehungen durch formelle Maßnahmen ersetzt werden müssen, um verlässlich zusammenarbeiten zu können. Allgemein gesprochen kann mangelnde Kontrolle natürlich einzelne Personen dazu verleiten etwas zu stehlen. Dieser Umstand ist jedoch nicht als kulturspezifisch zu bezeichnen.

■ Kultureller Hintergrund: Konfliktpotenzial durch »ethnische Diversität«

Latente und manifeste Konflikte finden sich zwischen unterschiedlichen ethnischen Gruppen und zwischen verschiedenen Clans innerhalb einer Ethnie. Oftmals leben die Großfamilien oder Clans einer Ethnie innerhalb von Großstädten in bestimmten Gebieten oder *Townships*. Wenn Sie zum Beispiel in diesem *Township* eine Firma gründen oder Mitarbeiter eines bestimmten Clans einstellen, so könnte dies starke Effekte auf Ihren Markt haben. Sollte dieser Clan mit einem anderen Clan im benachbarten *Township* verfeindet leben, so wird, niemand Ihre Produkte kaufen oder in Ihrer Firma arbeiten wollen, wenn Sie ihre Produkte im Nachbar-*Township* anbieten. Häufig gehen Clankonflikte auf eine lange Tradition von Auseinandersetzungen zurück.

Ein Außenstehender kann diese latenten Konflikte oft nicht sehen oder einschätzen. Hilfreich kann es daher sein, wenn Sie die historischen und aktuellen ethnischen und interfamiliären Strukturen Ihres Tätigkeitsbereichs erkunden, bevor sie mit Ihrer Arbeit beginnen, um sicherzugehen, solche potenziellen Probleme ausschließen zu können. In der Provinz *Kwa-Zulu-Natal* finden sich bis heute Clankonflikte, die auf den vom *Zulu*-König Shaka 1818 begonnene Krieg zurückgehen, in dessen Verlauf in einem rasanten Tempo alle umliegenden ethnischen Gruppierungen unterworfen, ganze Landesteile verwüstet und Ethnien ausgerottet wurden. Viele Ethnien flohen in die Drakensberge oder in weit entfernte Gebiete, in denen sie sicher vor Shakas Kämpfern waren. Andere Überlebende aus verschiedenen ethnischen Gruppen schlossen sich zusammen, um gemeinsamen Widerstand zu leisten. Doch Shaka stellte aus seinem eigenen Clan ein Regiment von ungefähr tausend Mann zusammen. Nach der Schlacht tötete Shakas Armee Frauen und Kinder sowie das Vieh und zerstörte die Felder. Bis heute ist diese Zeitepoche unter *Sotho-* und *Nguni*-Sprechern als *iMfecane* – »Zeit der Vernichtung« – bekannt. Die Überlebenden, die ihre Geschichten an die folgenden Generationen weitergaben, haben ein kollektives Gedächtnis geschaffen, so dass ihre Nachfahren noch heute die *Zulu* häufig als ihre Feinde bezeichnen.

Diese Zeitepoche hat noch auf einer anderen Ebene bis heute ihre Spuren hinterlassen. Obwohl sich viele ethnische Gruppen nach Jahren neu formiert oder neu gegründet hatten, waren die traditionellen und tief verwurzelten Familien-, Clan- und Ethnostrukturen zerbrochen. Manche Gruppierungen wendeten ihre Verzweiflung und ihren Hass über die Zerrüttung nicht nur gegen andere Gruppen, sondern betrieben intraethnische Spaltungen, die zu starken Spannungen innerhalb der ethnischen Gruppen, zwischen Familien und Clans führten. Gegenwärtige Clanführer tragen bis heute vergangene Fehden mit sich. Gerade unter jungen Männern in den Städten werden solche historischen Spaltungen in Form von Banden oder Gangstertum weiterhin ausgetragen. Auch im innerbetrieblichen Bereich, wenn Menschen unterschiedlicher Herkunft zusammenarbeiten, kommt es nicht selten zu Auseinandersetzungen, die ethnisch begründet sind.

Wenn Sie jedoch die lokalen Gegebenheiten kennen, können ethnische Gruppierungen auch für Sie arbeiten. Sind sie erst einmal mit Personen einer ethnischen Gruppe vertraut, können Sie zu einem Alliierten werden, der anderen, mit dieser Gruppe verbundene Familien oder Clans vorgestellt wird. So sind Sie zwar oftmals gezwungen, sich für eine (ethnische) Seite zu entscheiden. Diese Entscheidung bringt jedoch nicht immer nur Nachteile mit sich. Vielmehr erhalten Sie auch Schutz und starke Verbindungen innerhalb dieser Gruppe.

Neben diesen intraafrikanischen Konflikten begegnen Sie bei Ihrer Arbeit und im Alltag mit großer Sicherheit Rassismus im Sinne einer Ablehnung der Angehörigen anderer *Rassen*. Für *weiße* Gruppen, also die gesellschaftliche Minorität, spielen hier noch immer zwei angstbesetzte Aspekte eine große Rolle:
- Sollten wir mit kriegerischen Mitteln kämpfen, dann könnten wir sterben.
- Sollten wir Frieden schließen, so könnte eine absolute Absorption die Folge sein.

Es ist also auch mit einem innerafrikanischen Rassismus zu rechnen. Rassismus tritt in Südafrika nicht nur einseitig auf. Vielmehr betrifft er alle Bevölkerungsgruppen. Angesichts der Erfahrungen *nicht-weißer* Bevölkerungsgruppen in den letzten Jahrhunderten dürfte es niemanden wundern, dass dieser Rassismus ebenfalls auf Ängsten basiert: Ängsten vor ökonomischer Ausbeutung und sozialer Degradierung.

Die Wurzeln dieser Ängste reichen mehrere hundert Jahre zurück, in die Zeit, als die ersten Europäer nach Afrika kamen und der indigenen Bevölkerung das Land entzogen. Im Blick auf die aktuelle Situation in Südafrika, auf die Zeit nach der Wende, zeigt sich, dass viele Angehörige *nicht-weißer* Gruppen immer noch von der Angst umgetrieben werden, *Weiße* würden immer noch die Arbeitskraft *Nicht-Weißer* ausnutzen. Auch diese Angst wird aus den Erfahrungen der letzten Jahrhunderte gespeist, als die indigene Bevölkerung für ihre Arbeit auf den Feldern *weißer* Farmer oft nicht bezahlt wurde oder gar versklavt wurde.

Wenn Sie in Südafrika tätig werden möchten, werden Sie den Folgen der Apartheidzeit nicht entgehen können. Offiziell begann sie 1948, auch wenn es bereits vorher Abspaltungen der *Afrikaaner* (der Buren), gab, die sich von allen anderen Bevölkerungsgruppen separierten. Das System basierte seinerzeit darauf, dass die *weiße* Bevölkerung eine Trennung der Bevölkerung nach *rassischen* Merkmalen einführte. Von der Regierung wurde propagiert, der beste und friedlichste Weg der Gesellschaft sei der, dass sich die unterschiedlichen Bevölkerungsgruppen nach *rassischen* Merkmalen trennen, so dass jede Gruppe unabhängig von den anderen ihre Identität weiterhin ausleben könne. Angenommen wurde weiterhin, dass jede tiefergehende Begegnung der unterschiedlichen Gruppen zu kaum lösbaren Problemen und kulturellen Missverständnissen führen würde.

Ökonomisch gesehen versuchten die *Afrikaaner* ein wirtschaftliches System aufzubauen, dass auf dem europäischen Streben nach Gewinnmaximierung basierte, Arbeitsplätze schaffen und minimale Lohnkosten garantieren sollte. Die ökonomische Ausbeutung war mit der geografischen und sozialen Separation eng verbunden.

Die Apartheid endete zwar offiziell 1991, im alltäglichen Leben existiert sie jedoch weiter. Auch wenn sich die Gruppen tagsüber mischen, so fahren sie abends meist zurück in ihre *single-race neighbourhoods*. Die *schwarzafrikanische* Elite protestiert weiterhin, dass sie von *weißen* akademischen und geschäftlichen Bereichen ausgeschlossen ist und bis heute weder Chancengleichheit noch sozio-kulturelle Gerechtigkeit herrscht. *Schwarzafrikanische* Arbeiter fühlen sich immer noch von ihrem *weißen* Chef unterdrückt. *Nicht-weiße* Personen meiden bis heute Plätze, Bars und Einkaufszentren, die sie als *weiß* wahrnehmen, *Weiße* ignorieren *nicht-weiße* Klienten oder Konsumenten. Kurzum, das System ist zwar illegal, es existiert jedoch weiterhin im Alltag und es wird – südafrikanischen Stimmen zufolge – noch Jahre oder sogar Jahrzehnte dauern, bis die Gesellschaft die Apartheid-Ära wirklich überwunden haben wird. Bis dahin jedoch müssen kommerzielle Strategien an diese geteilte Wirklichkeit angeglichen und Mittel und Wege gefunden werden, dieser Spaltung einerseits Rechnung zu tragen, sie andererseits aber weiter zu verringern. Viel wird für Sie in Südafrika davon abhängen, wie Sie persönlich von Ihren Geschäftspartnern, Mitarbeitern oder Vorgesetzten wahrgenommen werden und inwieweit Sie das allgemein angenommene Bild von *Weißen* oder Europäern verkörpern. Jedenfalls werden Sie anfangs mit großer Wahrscheinlichkeit auf ein facettenreiches Misstrauen treffen, das es für Sie zu überwinden gilt.

loan
PLANNERER

Themenbereich 6: Kapitalbildung

Beispiel 11: Wundersame Kapitalbildung

Situation

Eine weltweit operierende Nichtstaatliche Organisation (NGO), die medizinisches Fachpersonal und Geräte in Not- und Katastrophengebiete der Welt entsendet, möchte in einem *Township* nahe Pretoria eine Ambulanz zur Diagnose und Behandlung von HIV–Infektionen und Aids eröffnen. Das Angebot an die südafrikanischen Partner lautet, dass die medizinisch ausgerichtete NGO für die Ausstattung aufkommt, wenn die *Community* im *Township* die Kosten für die Errichtung der zwei Behandlungsräume trägt. Der Baugrund ist schon von der *Municipality*, der städtischen Baubehörde, bereitgestellt und die Baugenehmigung erteilt worden. Die NGO geht nach Erkundigungen vor Ort davon aus, dass die *Community* die Baumaterialien bezahlen und Handwerker stellen kann. Binnen eines Vierteljahres soll die Finanzierung für das gesamte Bauvorhaben abgesichert sein und es soll mit dem Bau begonnen werden. Sollten die südafrikanischen Partner diese Frist nicht einhalten, geht die NGO davon aus, das die *Community* kein Interesse an dieser Form der Zusammenarbeit hat. In diesem Fall werde das Angebot der NGO zurückgezogen. Die afrikanischen Partner geben nun in den Verhandlungen immer wieder an, keinen Bankkredit beschaffen zu können, da die Zinsen in Höhe von etwa zwanzig Prozent viel zu hoch seien. Trotzdem bleibt die deutsche Seite hart und sieht dem Ausgang des Vorhabens mit gemischten Gefühlen entgegen. Einen Tag vor Ablauf der Beschaffungsfrist des Kapitals liegt der Nachweis für das beschaffte Investivkapital vor. Die deutsche NGO ist angenehm überrascht.

Wie konnten die afrikanischen Partner das Geld doch noch fristgerecht auftreiben?

- Lesen Sie nun die Antwortalternativen nacheinander durch.
- Bestimmen Sie den Erklärungswert jeder Antwortalternative für die gegebene Situation und kreuzen Sie ihn auf der darunter befindlichen Skala entsprechend an. Es ist möglich, dass mehrere Antwortalternativen den gleichen Erklärungswert besitzen.

Deutungen

a) Sie haben kurzfristig eine Spendenaktion gestartet, um das Kapital aufzutreiben.

sehr zutreffend	eher zutreffend	eher nicht zutreffend	nicht zutreffend

b) Sie haben ein bestimmtes *microfunding*-Verfahren der Kapitalbildung angewendet, um das Geld bereitstellen zu können.

sehr zutreffend	eher zutreffend	eher nicht zutreffend	nicht zutreffend

c) Die südafrikanischen Partner haben lediglich taktiert, als sie angaben, das Geld nicht bereit zu haben.

sehr zutreffend	eher zutreffend	eher nicht zutreffend	nicht zutreffend

- Versuchen Sie, Ihre Einstufung jeder Antwortalternative zu begründen. Halten Sie die Begründung in schriftlicher Form stichpunktartig fest.
- Lesen Sie nun die Erläuterungen zu jeder Antwortalternative durch und vergleichen Sie diese mit Ihren eigenen Begründungen.

■ Bedeutungen

Erläuterung zu a):
Ein beliebtes Verfahren, für einen guten Zweck größere Summen von Geld aufzubringen, ist in Deutschland die Spendenaktion, mag es um Katastrophenhilfe für vom Hunger Bedrohte im subsaharischen Afrika oder medizinische Betreuung für AIDS-Kranke gehen. In Südafrika sind andere Formen der Spendenakquise üblich: Auf großen Benefizveranstaltungen, die oftmals von Kulturprogrammen unterstützt werden, erfolgen Spendenzusagen von Gästen aus zumeist florierenden, bekannten Unternehmen. In großen Anzeigen und Informationsblättern erscheinen die Firmenlogos und die Namen von Einzelunterstützern, um weitere Spendengelder von Privatpersonen einzuwerben. Auf diesem Wege kommen beträchtliche Summen für die Finanzierung größerer und längerfristiger Projekte zusammen. In unserem Fall handelt es sich um ein Kleinprojekt mit begrenzter Laufzeit. Erfahrungen zeigen, dass inoffizielle Vertreter von *Townships* wie zum Beispiel *Street Committees* oftmals nicht die notwendigen Kontakte zu großen Firmen und Spendengebern mitbringen. Sie müssten diese Kontakte erst knüpfen und ein Spendennetzwerk aufbauen, doch in drei Monaten ist das kaum möglich. Es kommen daher andere Alternativen in Frage.

Erläuterung zu b):
Während wir in Deutschland davon ausgehen, dass eine private oder kommunale Bemühung um ein Kleinprojekt durch Bankkredite zu finanzieren ist, begegnet man in Südafrika einem parallel zum Bankwesen funktionierenden Geldkreislauf. Dieser Geldkreislauf hat unterschiedliche Merkmale: Er ist informell, er ist ehrenamtlich, es gibt keine Zinsen für Spareinlagen und es gibt keine Zinsen auf Kredite. Einzig und allein das Interesse der an diesem »Spiel« Beteiligten zählt.

In unserem Fall haben *Street Committees* als Ansprechpartner der deutschen NGO die Federführung und Verantwortung für das Kleinprojekt übernommen, denn diese Vertreter sind am meisten geübt darin, kleine Projekte zu besprechen und in Kontakt mit der ansässigen Wohnbevölkerung umzusetzen. *Street Committees* sind eine Einrichtung, die das Funktionieren kommunaler, straßenbezogener Nachbarschaft gewährleistet. Geachtete Persönlichkeiten werden für diese ehrenamtliche Arbeit von den Bewohnern der Straße nominiert. Die Vertreter der Straßen gehen nun als »Kollektoren« von Familie zu Familie und rufen besonders die von AIDS betroffenen Familien zum *microfunding* auf. So kommt innerhalb kurzer Zeit das benötigte Baugeld zusammen. Wer nicht zahlen kann, stellt seine Arbeitskraft stundenweise zur Verfügung. Die Quote der finanziellen Beteiligung an diesem Projekt ist in den Familien besonders hoch, die bereits durch die AIDS-Infektion betroffen sind, denn sie wissen genau, das die so genannte mittlere Generation der arbeitsfähigen und qualifizierten Familienmitglieder wortwörtlich vom Aussterben bedroht ist. In der Provinz *West-Kap* beispielsweise beträgt die Infektionsrate etwa acht Prozent, in *Kwa-Zulu-Natal* und *Gauteng* bis zu fünfunddreißig Prozent. Die Familien sind daher hoch motiviert am Gelingen des Kleinprojekts mitzuwirken.

Erläuterung zu c):

In Finanzierungsgesprächen zwischen deutschen Unternehmen und ihren Kunden geht es letzteren oft darum, die Finanzierungsfrage zu lösen und einen möglichst geringen Zinssatz zu erhalten. Wenn ein Kunde angibt, er habe kein Geld, kann davon ausgegangen werden, dass es sich auch tatsächlich so verhält. In Südafrika dagegen trifft man auf Gesprächssituationen, in denen Aussagen über Insolvenz oder Geldknappheit nicht so sehr eine Beschreibung der tatsächlichen finanziellen Lage sind, sondern als Strategie eingesetzt werden. Der Gesprächspartner – in unserem Fall die deutsche NGO – soll dazu gebracht werden neben dem Bezahlen der Ausstattung für das AIDS-Kleinprojekt auch noch weitere Kosten zu übernehmen. Viele Bewohner der *Townships* sind tatsächlich arm und kaum liquide. Doch ist der deutschen NGO nicht bekannt, wie die afrikanischen Partner das Geld rechtzeitig aufgetrieben haben. Dass sie es würden auftreiben können, war der NGO wohl klar und deshalb auch ist sie während der Verhandlungen in diesem Punkt hart geblieben.

Ob mit oder ohne Strategie, entscheidend ist die Fähigkeit gewachsener *Street Committees*, wie sie in den *Townships* seit Anfang der sechziger Jahre anzutreffen sind, zur Finanzierung von Gemeinschaftsprojekten beizutragen.

■ Kultureller Hintergrund: Kollektives Kapitalmanagement

In Beispiel 11 konnte bereits ein Einblick in afrikanische Finanzierungsverfahren gewonnen werden. Oftmals führen Missverständnisse und gegenseitige Vorurteile nach einer Vereinbarung über ein Joint Venture zu Problemen bei der Finanzierung. Viele afrikanische Firmen suchen Kooperationspartner aus dem Westen hauptsächlich um Kapital zu akquirieren. Im Gegenzug dazu wollen sie Arbeitskräfte, Land oder lokales Wissen einbringen, jedoch kein eigenes Kapital. Firmen aus dem Westen bevorzugen es tendenziell, wenn afrikanische Partner ihre lokalen Arbeitskräfte einbringen. Wenn afrikanische Firmen jedoch überhaupt kein Startkapital einbringen wollen, so werden Partner aus dem Westen misstrauisch und ziehen sich zurück. Denn afrikanische Firmen haben in vielen Fällen durchaus Zugang zu Kapital.

Vorwiegend kleine und mittelständische Firmen haben Probleme, Kredite bei Banken zu bekommen, da sie als nicht kreditwürdig gelten, die internationalen Kriterien der Banken nicht erfüllen oder weil ihnen die nötigen Beziehungen fehlen. Ist dies der Fall, so greifen diese Firmen auf ältere und traditionelle Finanzierungskonzepte wie das *kinship-funding* zurück. Darunter versteht man zwei Möglichkeiten, um Startkapitel aufzubringen. Zum einen besteht die Möglichkeit, Geld von der Verwandtschaft zu bekommen (*loan process*). Zum anderen können sowohl Mitglieder der engeren als auch der fiktionalen Verwandtschaft über ein bestimmtes Rotationsverfahren zur Finanzierung beitragen (*rotation process*).

Das funktioniert folgendermaßen: Eine Anfrage wird an einen älteren Mann in der Verwandtschaft gerichtet, der über viele Kontakte und das entsprechende Wissen verfügt, um zahlreiche Verwandte zu erreichen. Auf Initiative dieses Mannes treffen sich die Älteren zu einer Ndaba (siehe Kultureller Hintergrund: *Nda-*

ba), um die Anfrage und den Vorschlag zu besprechen. Dabei stehen persönliche Einstellungen und Verhaltensweisen des Antragstellers im Vordergrund wie Trinkgewohnheiten, sexuelles Verhalten, Respekt gegenüber den Traditionen und allgemein seine Reputation in der Gemeinschaft. Wird die Anfrage positiv bewertet, so werden alle Familienmitglieder zur Zahlung eines Geldbetrags aufgerufen. Dabei zahlt jede Familie entsprechend ihrer eigenen Position ein. Arme Familien leisten oft einen symbolischen Beitrag. Motiviert werden die Zahlungen der Familien einerseits durch den Druck der Gemeinschaft, andererseits durch die Bindung an die eigenen Traditionen. Die Mittel, die dem Antragsteller zufließen, werden als *loan* bezeichnet. Es wird jedoch weder erwartet, dass dieser die Beträge zurückzahlt, noch gibt es einen schriftlichen Vertrag, der überhaupt Rückzahlungen vorsähe. Diese finanzielle Leihgabe wird wie ein Gefallen angesehen, den die Verwandtschaft dem Antragsteller erfüllt. Vom Antragsteller wird daher erwartet, dass er es als seine Verpflichtung ansieht, ebenfalls vergleichbare Gegenleistungen gegenüber jedem Verwandtschaftsmitglied zu erbringen, das an der Finanzierung beteiligt ist, wenn er irgendwann einmal darum gebeten wird.

Im Unterschied zum gerade beschriebenen *loan process* ist das *rotation funding* ein breiter angelegtes Finanzierungsverfahren. Es schließt nicht nur die Großfamilie, sondern auch die fiktionale Verwandtschaft ein. Basis dieses Verfahrens ist der Gedanke, dass eine einzige Familie – auch wenn es eine Großfamilie ist – keine Firma finanzieren kann.

Rotation funding als Basis für Projekte funktioniert folgendermaßen: Es schließen sich Mitglieder der Großfamilie wie der fiktionalen Verwandtschaft zusammen, die eng miteinander verbunden sind. Die finanziellen Operationen werden öffentlich gehandhabt, ganz im Gegensatz zu Finanzierungsverfahren, die auf die Großfamilie beschränkt sind. Üblicherweise lädt die leitende Person einmal im Monat zu einem Treffen ein, bei dem sie Bier und Essen bereitstellt und dabei Geld von den Teilnehmern einsammelt. Das eingenommene Geld wird an eine Person aus der Gruppe überreicht, wobei verbal geäußert wird, dass Ängste bestehen, dass das Geld gestohlen wird. Wenn beispielsweise eine Frauenkooperative besteht, die sich aus zwölf Frauen zusammensetzt, und jede Frau bei jedem monatlichen Treffen 200 Rand einzahlt, so bekommt jede einmal im Jahr 2 400 Rand ausgezahlt. Zudem kann sie auf das Wissen und das Diskussionspotenzial der Gruppe zurückgreifen, wenn sie dieses Geld zum Beispiel als Startkapital für eine Firma einsetzen möchte. Frauengruppen, Männergruppen und gemischte Gruppen wenden dieses Verfahren an. Es hat sich jedoch herausgestellt, dass Frauen oftmals zuverlässiger mit Geld umgehen als Männer, da Frauen es meist in die Ausbildung ihrer Kinder investieren, Männer hingegen das Geld häufig für sich nutzen und zuweilen eine weniger ausgeprägte Loyalität gegenüber anderen Gruppenmitgliedern an den Tag legen. Frauen können daher die Rolle eines stabilisierenden Faktors im Verfahren des *rotation funding* übernehmen.

Besonders in ruralen Gebieten Südafrikas, aber auch immer mehr in urbanen *Townships,* findet sich ein weiteres System, das zur Finanzierung genutzt wird: das *microfunding*-System. Teilnehmer an diesem System haben ebenfalls, wie in den anderen Systemen, Zugang zu informellen Krediten. Das *microfunding*-System gibt es seit 1982, als Mohammed Yunis in Bangladesh die Grameen Bank eröffnete. Die Bank sollte ausschließlich denjenigen zur Verfügung stehen, die vom Zugang zu größeren Banken ausgeschlossen und besonders arm sind. Zudem sollten Kredite lediglich an Frauen vergeben werden, da Geld in Bangladesh üblicherweise in der Hand von Männern ist (Yunis 1997). Das *microfunding*-System kennt sieben Prinzipien: Der als Startkapital verliehene Betrag ist gering und liegt zwischen 20 und 100 US-Dollar. Rückzahlungen können nach sieben Tagen beginnen, indem jede Woche eine kleine Summe zurückgezahlt wird. Jede Rückzahlung muss pünktlich und vollständig geleistet werden. Die Klienten müssen sich mit Freunden oder Familie in Fünfergruppen zusammenschließen und darüber hinaus im Zusammenschluss mit anderen Fünfergruppen eine Gruppe von vierzig Mitgliedern bilden. Diese Großgruppen müssen sich jede Woche treffen, um gemeinsam zu lernen, wie Kapital angelegt werden kann. Um eine gewisse Gruppensolidarität und Verpflichtung gegenüber den anderen zu schaffen, wird der Kredit für alle Mitglieder gesperrt, wenn eine Person keine Rückzahlungen leistet. Dieser Gruppendruck wird somit zum entscheidenden Hebel, denn schnelle Rückzahlung gibt der Gruppe die Möglichkeit zu weiteren Krediten. Zudem werden von Seiten der Bank Dienstleistungen zur Weiterbildung angeboten, die zu bezahlen sind. Alle Teilnehmer müssen dafür zahlen, dass sie einen Kurs über Möglichkeiten des Ansparens von Geld besuchen können. Dies erhöht den Respekt aller Beteiligten sowohl gegenüber den Anbietern als auch gegenüber den Sparenden.

Dieses System des *microfunding* hat nun auch Afrika erreicht. In Südafrika laufen bereits große Projekte der katholischen Kirche, Catholic Welfare & Development (CWD), diese Sparformen zu implementieren. In vielen ehemaligen *Townships* Kapstadts, wie beispielsweise in Elsies River, in Langa oder Kayelitsha verbreitet sich diese Art des Sparens und der Kreditvergabe rasant. Wo das System bereits implementiert ist, finden sich Frauen und Männer zusammen, die ehrenamtlich jede Woche die Gelder einsammeln und zur Bank bringen. Zudem tragen bereits organisierte Netzwerke das System in andere *Townships* und organisieren immer wieder neue Gruppen. In Südafrika sind überwiegend Frauen an diesem System beteiligt, doch auch die Anzahl der Männer steigt.

Dieses Finanzierungssystem hat zudem Einfluss auf das Gemeinschaftsleben: Es werden neue sozio-ökonomische Strukturen geschaffen, die die Gemeinschaft – nach den Zerstörungen durch die Apartheid und durch AIDS – wiederbeleben und Kriminalität mindern sollen.

Nach Schissel (1989) werden *microfunding*-Projekte fast zu Konkurrenten des westlich organisierten Bankensystems. Wenn nun westliche Firmen Joint Ventures mit afrikanischen Unternehmen eingehen, so sollten beide Seiten prozentual angemessene Anteile des Kapitals einbringen. Dies stärkt nicht nur die gemeinsamen Bindungen, sondern auch die Zuverlässigkeit beider Partner für das gemeinsame Geschäft.

PLANNERER

■ Themenbereich 7: Soziale Hierarchien

■ Beispiel 12: Beredtes Schweigen

■ Situation

Das Bundesministerium für wirtschaftliche Zusammenarbeit und Entwicklung bezuschusst eine NGO in St. Johns, *Ost-Kap*, die sich zum Ziel gesetzt hat, die Stadtteil übergreifende Integration der Bevölkerungsgruppen zu fördern. Das Team der NGO besteht aus zwanzig Mitgliedern aller Bevölkerungsgruppen und trifft sich einmal wöchentlich zur Organisationssitzung, einer Vollversammlung aller Mitarbeiter. Diese setzt sich aus Festangestellten, freien Mitarbeitern und assoziierten Kräften zusammen. Das bedeutet, dass hier neben der Geschäftsleitung und einzelnen Programmkoordinatoren Mitarbeiter der Fahrbereitschaft und der Bibliothek sowie Reinigungskräfte Rede- und Entscheidungsrecht genießen. Herr Herold, der als freier Mitarbeiter regelmäßig an den Sitzungen teilnimmt, ist von dem Konzept der NGO begeistert, denn hier wird tatsächlich die Integration der Regenbogennation praktiziert! So kann jedes anstehende Problem von allen direkt angesprochen werden. Davon macht auch Herr Herold auf den Vollversammlungen Gebrauch. Er wundert sich allerdings sehr, dass nur einige wenige Personen an den Diskussionen aktiv teilnehmen und dass es zudem immer dieselben sind. Das scheint aber niemanden außer Herrn Herold zu stören.

Was muss Herr Herold wissen, um diese Situation zu verstehen?

- Lesen Sie nun die Antwortalternativen nacheinander durch.
- Bestimmen Sie den Erklärungswert jeder Antwortalternative für die gegebene Situation und kreuzen Sie ihn auf der darunter befindlichen Skala entsprechend an. Es ist möglich, dass mehrere Antwortalternativen den gleichen Erklärungswert besitzen.

■ Deutungen

a) Die Diskussionskultur in Südafrika ist noch nicht so weit entwickelt, dass die Inhaber aller Positionen daran teilhaben können.

sehr zutreffend	eher zutreffend	eher nicht zutreffend	nicht zutreffend

b) Es ist allgemein akzeptiert, dass nur diejenigen einen Gesprächsbeitrag leisten, die eine höhere Position oder eine Festanstellung innehaben.

sehr zutreffend	eher zutreffend	eher nicht zutreffend	nicht zutreffend

c) Die Mehrheit der Personen ist nicht so redegewandt in *Englisch*. Sie hält sich aus diesem Grunde zurück – das weiß jeder, außer Herrn Herold.

sehr zutreffend	eher zutreffend	eher nicht zutreffend	nicht zutreffend

- Versuchen Sie, Ihre Einstufung jeder Antwortalternative zu begründen. Halten Sie die Begründung in schriftlicher Form stichpunktartig fest.
- Lesen Sie nun die Erläuterungen zu jeder Antwortalternative durch und vergleichen Sie diese mit Ihren eigenen Begründungen.

Bedeutungen

Erläuterung zu a):
Deutsche gehen oft davon aus, dass mit Entwicklung eine bestimmte Art der Fortentwicklung gemeint ist, die zielorientiert ist und sich an westlichen Standards orientiert. Wenn diese Perspektive auf den Bereich von Diskussionsstilen angewendet wird, müsste es das Ziel sein, dass in einer Versammlung Mitglieder aller Bevölkerungsgruppen und Positionen – zumal, wenn die Versammlung nur aus etwa zwanzig Personen besteht, wie in unserem Fall – zu Wort kommen. In Deutschland wird in überschaubaren Runden, in denen jede Meinung zählt, oftmals mit Methoden wie *Blitzlicht* oder *Brainstorming* gearbeitet. In Südafrika ist dies jedoch nicht die Regel, denn Redebeiträge sind streng an Positionen, Geschlechterrollen, Alter und Status geknüpft. Das System und die kulturspezifischen Strukturen, wer wann reden darf, müssen von kulturfremden Personen oftmals erst decodiert werden., wie auch in diesem Fall. Vergleichen Sie bitte auch die Erläuterung zu B.

Erläuterung zu b):
Es ist eine hohe Erwartung an eine Gesprächsrunde, dass dort jeder einzelne zu Wort kommen soll. In nichtwestlichen Kulturen kann diese Erwartung in die Irre führen. Es gibt keine einfache Erklärung für das Phänomen, dass sich in einer überschaubaren Versammlung oftmals nur einige wenige Teilnehmer zu Wort melden und damit den Gang der Diskussion entscheidend bestimmen. Häufig werden die schweigsamen Teilnehmer nicht einmal gefragt, ob sie mit dem Diskutierten einverstanden sind. Anscheinend macht es den schweigsameren Personen in der Diskussionsrunde nichts aus, wenn ihre Meinung nicht gehört wird. Vielleicht besteht bei dem einen oder anderen schweigsamen Individuum kein Interesse an der Teilnahme an solchen Versammlungen. Möglicherweise nehmen diese Personen nur deshalb an der Vollversammlung teil, weil es einen gewissen sozialen Druck gibt, die Regenbogengesellschaft in allen ihren Facetten antizipatorisch in solchen Vollversammlungen verwirklicht zu sehen: »keine Rassen, keine Klassen«. Diese letzteren Überlegungen sind jedoch eher untergeordneter Natur.

Es herrscht vielmehr unter den Beteiligten in der Vollversammlung die einhellige Meinung, dass sich nur diejenigen zu einem Gesprächsbeitrag melden, die eine höhere Position bekleiden, wie in diesem Fall Festangestellte und Personen in Leitungspositionen. Niemand würde von einem Fahrer der Organisation erwarten, dass er einen inhaltlichen Beitrag leiste. Gleichzeitig würde dieser selbst sich kaum dazu berufen fühlen. Trotz der offiziellen Auffassung, dass besonders die Interessen der »kleinen Leute« artikuliert und gefördert werden sollen, um eine Regenbogengesellschaft von Gleichberechtigten zu schaffen, wird dieser Anspruch aufgrund von kulturell tief verwurzelten Einstellungen zur Positionierung in der Hierarchie nicht eingelöst. Dass beispielsweise der Fahrer auf einer solchen Veranstaltung anwesend ist, repräsentiert das demokratische Prinzip der Partizipationsmöglichkeit an Entscheidungsprozessen im heutigen Südafrika. Dieses Prinzip gehört heute zur Organisationskultur zahlreicher international arbeitender NGOs, jedoch nicht zur traditionellen afrikanischen Entscheidungsfindung, bei der Personen mit niedrigem Status gar nicht erst eingeladen werden.

Erläuterung zu c):
In Südafrika ist es bis heute weitgehend üblich, dass auf Versammlungen und Sitzungen, an denen Angehörige aller Bevölkerungsgruppen teilnehmen, *Englisch* gesprochen wird. In der Provinz *Ost-Kap* sprechen viele Menschen *Xhosa*. Dieser Umstand spiegelt sich auch in der Vollversammlung der NGO wider. Es ist daher anzunehmen, dass die Mehrheit der anwesenden Personen als Muttersprache *Xhosa* spricht. Insbesondere kann von Mitarbeitern geringerer Qualifikationen nicht erwartet werden, dass sie sich redegewandt auf *Englisch* verständigen können. Seit Ende der Apartheid ist jedoch gesetzlich geregelt, dass bei offiziellen Treffen Redebeiträge in allen elf Amtssprachen geleistet werden können und diese Beiträge, wenn notwendig, in die jeweils gewünschten Sprachen übersetzt werden müssen.

!
PLANNERER

Themenbereich 8: Betriebliches Eigentum

Beispiel 13: Beliebte Standorte

Situation

Seitdem der Plan zur *affirmative action* im Jahre 2000 gesetzlich geregelt worden ist und von Firmen mit über fünfzig Mitarbeitern umgesetzt werden muss, besteht eine hohe Nachfrage nach qualifizierten Mitarbeitern aus den Bevölkerungsgruppen der *Farbigen* und *Schwarzen*. Frau Geiter hat diesen Bedarf erkannt und ein Arbeitsvermittlungsbüro im Norden von Johannesburg eröffnet. Das Betriebsgelände ist weitläufig und mit einer Mauer von der Straße abgetrennt. Als Frau Geiter eines Morgens aus ihrem Bürofenster schaut, sieht sie, dass sich auf dem gegenüberliegenden Kirchengrundstück einige Personen bemühen, *shacks* (Hütten aus Holzlatten, Wellblech und Plastikplanen) aufzustellen. Schon öfter hatte sie in der Tageszeitung darüber gelesen, dass Siedler so genannte *squattercamps* (»wilde« Siedlungen) auf privaten und öffentlichen Grundstücken aufbauen, da sie sonst kein Zuhause haben. Frau Geiter bringt in Erfahrung, dass die Kirche den neuen Bewohnern zunächst einmal Asyl gewährt. Von Tag zu Tag werden es jedoch mehr. Nach einer Woche stellt Frau Geiter mit Entsetzen fest, dass nun auch innerhalb ihrer Grundstücksmauer die ersten Wäscheleinen gespannt werden und sich Menschen ansiedeln. Sie ist voller Sorge, besonders mit Blick auf den morgigen Nachmittag, für den kurzfristig der Außenhandelsexperte des Bundesaußenministeriums seinen Besuch angekündigt hat. Frau Geiter versucht mit den neuen Siedlern zu reden und ihr Problem zu schildern.

Doch die Siedler reagieren nicht auf ihre Gesprächsversuche und verweilen an Ort und Stelle.

Warum reagieren die Siedler nicht auf Frau Geiters Gesprächsversuche?

- Lesen Sie nun die Antwortalternativen nacheinander durch.
- Bestimmen Sie den Erklärungswert jeder Antwortalternative für die gegebene Situation und kreuzen Sie ihn auf der darunter befindlichen Skala entsprechend an. Es ist möglich, dass mehrere Antwortalternativen den gleichen Erklärungswert besitzen.

■ Deutungen

a) Besprechungen von Problemen werden normalerweise in einer *Indaba*, einer traditionellen Gesprächsrunde, vorgenommen. Es wird erwartet, dass eine *Indaba* zur Besprechung einberufen wird, erst dann kann verhandelt und entsprechend gehandelt werden.

sehr zutreffend	eher zutreffend	eher nicht zutreffend	nicht zutreffend

b) Die Siedler reagieren lediglich auf Anordnungen von Seiten des *City Council*, da diese Behörde die ausschlaggebende Autorität darstellt. Frau Geiter hingegen wird nicht als Autorität anerkannt.

sehr zutreffend	eher zutreffend	eher nicht zutreffend	nicht zutreffend

c) Die Siedler würden sich nur auf Gespräche mit einem Mediator einlassen, da dies eine übliche Art und Weise ist, in Konfliktfällen miteinander zu kommunizieren.

sehr zutreffend	eher zutreffend	eher nicht zutreffend	nicht zutreffend

- Versuchen Sie, Ihre Einstufung jeder Antwortalternative zu begründen. Halten Sie die Begründung in schriftlicher Form stichpunktartig fest.

– Lesen Sie nun die Erläuterungen zu jeder Antwortalternative durch und vergleichen Sie diese mit Ihren eigenen Begründungen.

■ Bedeutungen

Erläuterung zu a):
Wenn in Deutschland eine Romafamilie auf einem Firmengrundstück wild campt, nennt man dies Hausfriedensbruch. Die Lösung ist einfach: Ziehen die Campierenden nicht innerhalb einer bestimmten Frist weiter, werden rechtliche Mittel angewendet.

In Südafrika hat sich für die Klärung von Konflikten oder die Lösung von Problemen aller Art eine Form der Gesprächsrunde durchgesetzt, die einen traditionellen Hintergrund hat: die *Ndaba* oder *Indaba*. Dieser Begriff bedeutet so viel wie »konsensbildender Prozess«. Eine *Ndaba* ist dazu da, Leute zu versammeln, Ratschläge einzuholen und im Beratungsprozess einen Konsens aufzubauen. Dabei müssen nicht alle Betroffenen an einer *Indaba* teilnehmen, wohl aber die Repräsentanten der beteiligten Interessengruppen. Das Anfangsstadium besteht nicht nur im gegenseitigen Vorstellen, sondern auch im wechselseitigen Überbringen von Geschenken, die dazu dienen eine Atmosphäre gegenseitigen Vertrauens zu schaffen. Das zweite Stadium ist gekennzeichnet durch die eigentliche Konsultation, wobei zunächst jede Interessengruppe ihren Vorschlag einbringt. Falls das Problem komplexerer Natur ist, wird diese zweite Phase erweitert. Die Repräsentanten kehren noch einmal zurück in ihre Gruppen, Haushalte, Clans und so weiter, um die geäußerten Vorschläge mit ihren Leuten zu beraten. Dann tritt man erneut zusammen, bis alle Beteiligten das Gefühl haben, alle Aspekte geäußert und geprüft zu haben. Schließlich wird im dritten Stadium die Entscheidung getroffen, die aus unterschiedlichen Optionen langsam heranreift. Dieser Prozess kann für Europäer sehr langatmig wirken, da eine verbindliche Schlussvereinbarung nur kollektiv und harmonisch erfolgen kann. Darüber hinaus enthalten diese Vereinbarungen in der Regel eine »von allen angestrebte Vereinbarung«. Die Vorläufigkeit einer solchen Vereinbarung ist für Europäer oftmals irritierend, weil sie es bevorzugen, zu verbindlichen Entscheidungen zu kommen.

Aus diesen Gründen, insbesondere aber weil in der geschilderten Situation kurzfristig entschieden werden muss, ist die *Indaba* hier nicht die richtige Lösung. Im Rahmen langfristiger Kooperationen ist sie jedoch als Konsens bildendes Forum anwendbar, weil sie neben Harmonie zwischen den Beteiligten auch Verlässlichkeit in Entscheidungsprozess und Implementierung gewährleisten kann.

Erläuterung zu b):

Dass die Stadt für die Gewährleistung guter Bedingungen für Investoren zuständig ist und deshalb hinsichtlich der Sicherung unternehmerischen Eigentums Exekutivmaßnahmen anwenden kann, ist in Südafrika, wie auch in Deutschland, ein *fait accompli.* Erstaunlicherweise schafft es die südafrikanische Regierung relativ schnell, *squattercamps*, die auf kommunalem Grund errichtet worden sind, entweder mit Bulldozern einzureißen oder zu legalisieren. Diese Maßnahmen greifen oftmals sehr kurzfristig, so dass Frau Geiter davon ausgehen kann, bei einem Anruf im *Municipal Council* auf offene Ohren zu treffen. Die Problematik ist dort zu Genüge bekannt. In diesem Fall würde das Grundstück der Arbeitsvermittlungsstelle auch relativ kurzfristig, das heißt innerhalb zweier Tage geräumt. Diese Handlungsalternative ist also die in dieser Situation beste. Verhandlungen mit den Siedlern sind auch deshalb nicht sinnvoll, weil sie Frau Geiter nicht als Autoritätsperson anerkennen. Somit enthält diese Antwortalternative die richtige Antwort.

Erläuterung zu c):

Mit Hilfe des Mediationsverfahrens werden Konflikte im Arbeitsleben, in Familien, in der Schule und im Stadtteil gelöst. Es gilt das *win-win*-Prinzip: Jede Seite verzeichnet einen Gewinn, wahrt ihr Gesicht und kann sich daran erfreuen, das Problem mit Unterstützung eines Mediators selbst gelöst zu haben.

Im südlichen Afrika ist Mediation ein allgemein anerkanntes, traditionelles Verfahren zur harmonischen Regelung von manifesten Konflikten. Es gibt hier keine professionelle Ausbildung, wie sie in den USA und Europa zunehmend angeboten wird. In den meisten Ländern des südlichen Afrika sind jedoch erst kleine Schritte gemacht worden, professionelle Mediatoren für den Bereich interkultureller Konflikte auszubilden. Federführend sind hier beispielsweise die Quaker (QPC) und das Center for Conflict Resolution (CCR), für den Bereich des Arbeitslebens das Council for Conciliation, Mediation and Arbitration (CCMA). Parallel zu diesen modernen Mediationsverfahren haben sich bis heute traditionelle Mediations- und Schlichtungsverfahren gehalten. Doch ist bei ihnen nicht die Professionalität, sondern der Grad der Akzeptanz von Seiten der Konfliktparteien ausschlaggebend. Als Schlichter kommen daher nur Persönlichkeiten in Frage, die sich im traditionellen Gruppengefüge – handele es sich um Konflikte zwischen ethnischen Gruppen, Clans oder Familien – beiderseitiger Wertschätzung erfreuen. Zudem sind diese Verfahren deshalb so beliebt, weil sie traditionell verankert sind und eine langfristig friedliche Atmosphäre zwischen den beteiligten Konfliktparteien schaffen können. Die Mediationsverfahren dauern jedoch bei multiplen Konflikten oftmals mehrere Wochen oder Monate, so dass ihre Anwendung für Frau Geiter in diesem Fall ausscheidet.

■ Kultureller Hintergrund: *Indaba* – ein afrikanischer Konsens-Entscheidungsprozess

Im Hinblick auf Entscheidungsprozesse gibt es neben dem Alter der Beteiligten noch drei weitere hervorzuhebende Punkte: Zeit, Konsultation und Konsens. Viele *Schwarzafrikaner* bevorzugen Entscheidungen, die durch Konsultation und Konsens getroffen werden, und zwar ohne dass für die Entscheidungsfindung ein starrer Zeitrahmen besteht. Oftmals stehen afrikanische Manager in Verpflichtungen ihren Vorfahren und Familien gegenüber. Entscheiden sie alleine, so entwürdigen sie das kollektive Wissen und die Weisheit ihrer Gemeinschaft. Beratschlagen sie jedoch gemeinsam, so wird der Gemeinschaft Ehre erwiesen. In der Regel verlaufen Entscheidungsfindungen nach bestimmten transparenten Regeln und in bestimmten Phasen, die sich teilweise in unterschiedlichen Stufen wiederholen. Haben Sie die Entscheidungsstrukturen erkannt, können Sie in den Entscheidungsprozess einsteigen und die Ergebnisse mit beeinflussen.

Die *Zulu* nennen diesen Konsens-Entscheidungsprozess *Ndaba*, die *Xhosa Indaba. Indaba* bedeutet, dass bestimmte Personen zusammenkommen, beratschlagen und dadurch einen Konsens erzielen. Es handelt sich um ein Treffen von Älteren, von denen jede einzelne Person aus unterschiedlichen Bereichen der Großfamilie stammt. In dieser Runde können dann gemeinsam Handlungsentscheidungen getroffen werden.

Die erste Phase der *Ndaba* ist die Phase der sozialen und der kommerziellen Einführung. Wenn Sie an einer *Indaba* teilnehmen, sollten Sie sich von einer älteren Person aus der Runde vorstellen lassen. Diese Person beweist damit, dass sie Ihnen vertraut und bezeugt den anderen gegenüber Ihre Glaubwürdigkeit. Sie selbst sollten Gastgeschenke mitbringen und dem Ritual angemessen folgen, um Ihrerseits ein Signal zu setzen, das Ihren Glauben an die Gruppe anzeigt.

In der zweiten Phase werden Vorschläge zum Thema oder zur Problematik dargestellt. Dies verläuft meist so, dass besonders kulturfremde Personen oder Menschen, die nicht zur Familie gehören, spezielle Beachtung finden. Ihre afrikanischen Partner werden Ihren Vorschlag genau hinterfragen, um ihr Geschäftskonzept und auch Sie selbst als Person kennen und einschätzen zu lernen. Diese Phase kann sich von Stunden über Tage bis zu Wochen hinziehen, in denen immer wieder gegenseitige Besuche stattfinden.

Wenn die Zeit gekommen ist, beginnt die dritte Phase. Die Ältesten des Unternehmens oder der Familie beginnen informell mit den relevanten Führungspersonen unterschiedlicher Abteilungen der Firma zu beratschlagen. Dies kann innerhalb oder außerhalb des Betriebes stattfinden. Es kommt nicht selten vor, dass noch weitere Personen aus der entfernten Verwandtschaft oder aus der Altersgruppe der Entscheidungsträger hinzugezogen werden, damit ihr Ratschlag mit berücksichtigt wird. Teilweise kann es sogar vorkommen, dass Vorschläge so ausgiebig diskutiert werden, dass weitere Bevölkerungsteile eines *Township* an der Entscheidungsfindung teilnehmen, wenn das Thema der Verhandlung für das *Township* wichtig ist.

Erst wenn jeder wichtige Aspekt des Themas ausdiskutiert worden ist und sich die ersten spezifischen Möglichkeiten der Entscheidung auftun, beginnt die Phase der Entscheidung. Entscheidungen basieren nach *Bantu*-Tradition auf den unten genannten vier Voraussetzungen. Die gefundenen Entscheidungen sind nicht in einer Weise endgültig, die unserem westlichen Verständnis entsprechen würde.

- Konsens muss durch Diskussion entstehen: Gesprochenen Worten wohnen mystische Kräfte inne. Wenn Menschen miteinander sprechen, erlauben sie der kollektiven Weisheit in ihrer Mitte zu erscheinen. Nichts muss daher aufgeschrieben werden.
- Die Entscheidungen müssen sich für die Betroffenen »gut anfühlen«.
- Einverständnisse und Vereinbarungen müssen kollektiv angenommen werden. Kein einzelner Entscheidungsträger kann und darf es sich erlauben, für sich allein Entscheidungen zu treffen und sich von der Gruppe abzusetzen. Kein Einzelner verfügt über so viel Weisheit, dass er eine ganze Gruppe von Entscheidungsträgern leiten könnte. Nur wenn sich alle am Entscheidungsprozess beteiligen können, kann eine angemessene Harmonie entstehen.
- Alle Entscheidungen werden »einfühlsam« getroffen. Meist kann Übereinstimmung nur über den generellen Rahmen des weiteren Vorgehens erzielt werden. Details werden daher häufig erst später festgelegt. Die Ergebnisse der *Ndaba* werden jedoch immer als Einleitung des Wandels verstanden, der sich mit der Zeit entfalten muss und eventuell bald nach weiterer Veränderung ruft. Eine Entscheidung bedeutet somit niemals eine Festlegung für immer.

PLANNERER

■ Themenbereich 9: Zeit

■ Beispiel 14: Zu spät zur Arbeit

■ Situation

Für eine große Werbefirma, die ihren Sitz in Port Elizabeth hat, führen Frau Schubert und Herr Hartmann eine Reihe von Bewerbungsgesprächen durch, um vier neue Mitarbeiterinnen und Mitarbeiter für ein Werbeteam zusammenzustellen. Die Auswahl unter den Bewerbern ist abgeschlossen und alle ausgewählten Personen sind darauf hingewiesen worden, dass ihre Arbeit am kommenden Montag beginnt und täglich von 8 Uhr bis 16 Uhr dauert. Es sei wichtig, pünktlich zu sein und so selten wie möglich zu fehlen, da die Aufgaben zumeist nur im Team zu bearbeiten und abzuschließen seien. Außer Frau Busisiwe, die in einem *Township* lebt, sind zur besprochenen Zeit alle Teamkollegen vor Ort, um den ersten Auftrag – eine kulturell angepasste Produktwerbung für ein bestimmtes Getränk – zu bearbeiten. Als Frau Busisiwe ein paar Stunden zu spät zur Arbeit erscheint, reagiert Frau Schubert mit einer Abmahnung, da ihrer Meinung nach ein Arbeitsverhältnis auf diese Art und Weise nicht gelingen kann. Doch Frau Busisiwe kommt wiederholt zu spät zur Arbeit. Jedes Mal erklärt sie, sie habe etwas Wichtiges zu erledigen gehabt. Frau Schubert und Herr Hartmann sind verzweifelt, denn Frau Busisiwe arbeitet sehr zuverlässig und kreativ, wenn sie anwesend ist. Deshalb wollen sie auf Frau Busisiwe möglichst nicht verzichten.

Welcher Grund könnte hinter Frau Busisiwes Verhalten stehen?

- Lesen Sie nun die Antwortalternativen nacheinander durch.
- Bestimmen Sie den Erklärungswert jeder Antwortalternative für die gegebene Situation und kreuzen Sie ihn auf der darunter befindlichen Skala entsprechend an. Es ist möglich, dass mehrere Antwortalternativen den gleichen Erklärungswert besitzen.

Deutungen

a) Sie hat durch ihre afrikanische *Xhosa*-Sozialisation eine andere Einstellung zu zeitlichen Abläufen.

sehr zutreffend | eher zutreffend | eher nicht zutreffend | nicht zutreffend

b) Der erste Zug aus dem *Township* in das Stadtzentrum zur Firma ermöglicht Frau Busisiwe kein früheres Erscheinen, doch Sie schämt sich wegen dieser Begründung.

sehr zutreffend | eher zutreffend | eher nicht zutreffend | nicht zutreffend

c) Sie denkt, durch ihre neue Position sei eine statusangemessene Zeit des Erscheinens allgemein akzeptiert.

sehr zutreffend | eher zutreffend | eher nicht zutreffend | nicht zutreffend

- Versuchen Sie, Ihre Einstufung jeder Antwortalternative zu begründen. Halten Sie die Begründung in schriftlicher Form stichpunktartig fest.
- Lesen Sie nun die Erläuterungen zu jeder Antwortalternative durch und vergleichen Sie diese mit Ihren eigenen Begründungen.

■ Bedeutungen

Erläuterung zu a):
Frau Busisiwe hat tatsächlich eine andere Einstellung zu zeitlichen Abläufen. In ihrer *Xhosa*-Sozialisation prägen natürliche Zyklen ihren Lebensablauf: Sie weiß von ihren Eltern und Großeltern, dass der Tag naturbezogene Einteilungen hat. Einige Beispiele:

- »xa kumpondo zankomo« (»wenn die Hörner der Zeburinder im Morgengrauen sichtbar werden«);
- »yimini emaqanda« (»wenn die Hühner ihre Eier legen«);
- »xa libantu bahle« (»wenn Menschen schön werden«);
- »Imfene yakho indala!« (»Dein Affe ist alt geworden!«). Dieser Ausdruck wird benutzt, wenn jemand zu spät kommt.

Diese aus unserer Sicht groben Zeiteinteilungen sind heute überlagert von Zeiteinteilungen in Stunden und Minuten. In Südafrika ist es so, dass die meisten europäisch geführten oder auch von *weißen* oder *farbigen* Südafrikanern gegründeten Unternehmen das westliche Zeitkonzept in den Vordergrund stellen, so dass nur wenig Rücksicht auf autochthone, traditionelle Zeitkonzepte genommen werden kann. Daraus folgt, dass Frau Busisiwe sehr genau weiß, welche Anforderungen an ihre Arbeitszeit von betrieblicher Seite gestellt werden. Diese Antwortalternative kann hier also keine Rolle spielen.

Erläuterung zu b):
Es hat viele Jahre gedauert, bis Nahverkehrsverbindungen zwischen den *Townships* südafrikanischer Großstädte und den Zentren, in denen die meisten Arbeitsplätze zu vergeben sind, geschaffen worden sind. Ständige Verspätungen der *Township*-Bewohner haben die Provinzbehörden ermutigt, ein sehr gut funktionierendes Nahverkehrssystem für Pendler zu schaffen. Dieses besteht aus Vorortzügen, Minibussen und Taxen. Bei einem Tageslohn von durchschnittlich 80 Rand muss jedoch für eine Tageskarte im öffentlichen Nahverkehr ein Drittel des Tagesverdienstes aufgewendet werden. Deshalb ziehen es viele *Township*-Bewohner vor zu sparen und andere, günstigere, jedoch nicht so pünktliche

Transportmöglichkeiten wahrzunehmen. Für Frau Schubert wäre es daher ein Leichtes gewesen, den Sachverhalt zu überprüfen, indem sie die Stadtverwaltung angerufen und sich nach den Fahrplänen erkundigt hätte.

Es ist nicht sehr wahrscheinlich, dass sich Frau Busisiwe wegen der Verbindungen in ihr *Township* schämt, da viele *Township*-Bewohner stolz darauf sind, im *Township* zu wohnen und im Stadtzentrum zu arbeiten. Sollte ihre Unpünktlichkeit also wirklich durch die Verkehrsverbindungen zwischen ihrem Wohnort und ihrer Arbeitsstelle entstehen, würde Frau Busisiwe den Sachverhalt mit großer Wahrscheinlichkeit ihren Vorgesetzten gegenüber offen äußern, weil es sich um ein allgemein bekanntes Phänomen handelt. Frau Busisiwe gibt jedoch an, dass sie »etwas Wichtiges« zu erledigen habe, was auf ein anderes Motiv als Scham hinweist.

Erläuterung zu c):

Wer wie Frau Busisiwe eine Stelle im Team einer Werbefirma ergattert hat, hält eine hohe soziale Position inne. Höhere soziale Positionen und damit einhergehender Status sind eng verknüpft mit einem bestimmten Zeitmanagement: Südafrikaner, die in westlichen Firmen arbeiten und höhere Positionen besetzen, machen immer weniger von ihrem traditionellen Recht Gebrauch, durch entsprechende Verspätung auf die Wichtigkeit ihrer Position hinzuweisen. Vielmehr werden heute in Teams, die aus Angehörigen verschiedener Bevölkerungsgruppen bestehen, westliche Zeiteinteilungen und damit Pünktlichkeitsstandards eingehalten. Eine Vorreiterrolle spielen dabei zunehmend Teammitarbeiter, an denen sich diejenigen orientieren, die aufsteigen wollen.

Es kommt jedoch vor, wie auch in diesem Fall, dass Personen in höheren Positionen, die in westliche Firmenkonzepte eingebunden sind, es vorziehen, sich an dem traditionellen Status-Zeit-Konzept zu orientieren. Auf dieses Motiv verweist Frau Busisiwe auch mit der wiederholten Aussage, sie habe »etwas Wichtiges« zu erledigen gehabt. Denn durch diese Aussage weist sie auf ihren wichtigen Status und auf das damit verbundene Recht hin, später zur Arbeit zu erscheinen als Personen mit einem ihrer Meinung nach geringeren Status.

Kultureller Hintergrund: Das afrikanische Zeitkonzept

Unterschiedliche Empfindungen und Wahrnehmungen von Zeit führen in der (wirtschaftlichen) Begegnung zwischen westlich geprägten Menschen und Afrikanern immer wieder zu konflikthaften Situationen. Ist das westliche Konzept von Zeit und sind Zeitvorstellungen eher geprägt von festgelegten Zeitrahmen, Pünktlichkeit, strikten Einteilungen und chronologischer Abfolge von Ereignissen, so entspricht das nicht den Vorstellungen von Zeit in afrikanischen Kulturen. Pünktlichkeit ist im Westen oft mit kommerzieller Effektivität verbunden. Unpünktlichkeit bringt dementsprechend Ineffektivität mit sich. In vielen *Bantu*-Kulturen ist Zeit eng mit dem Status einer Person verknüpft. Das bedeutet: Je wichtiger eine Person bei einem Treffen ist, desto später wird sie kommen. Auch kann es geschehen, dass Personen mit hohem Status und herausragenden Positionen und Rollen gar nicht erscheinen oder bei Drei-Tage-Seminaren nur an einem Tag teilnehmen. Entschuldigungen oder Erklärungen, warum jemand – in unseren Augen – zu spät oder überhaupt nicht kommt, werden nicht gegeben. Unterschiedliche Auffassungen über Zeit führen besonders in der wirtschaftlichen Zusammenarbeit zu Zusammenstößen, die viele Emotionen mit sich bringen können. Besonders im südafrikanischen Kontext ist die Situation noch auf einer anderen Ebene sehr prekär. Viele *Schwarzafrikaner* verbinden mit einem strikten Zeitmanagement westlichen Zuschnitts oft unangenehme Erfahrungen aus der Zeit der Apartheid, in der Afrikaner gezwungen wurden, in genau festgelegter Zeit zu arbeiten und bei Zuwiderhandlung bestraft wurden. Daher kann es im Geschäftsleben leicht passieren, dass ein striktes Zeitmanagement von Angestellten als Verlängerung der Apartheidszeit interpretiert wird.

Schwarzafrikaner haben eine andere Einstellung zur Zeit, bezüglich Pünktlichkeit und zur Dauer von Problemlösungen als Europäer. Je größer ein Problem, desto mehr Zeit braucht es, und je mehr Zeit ein Entscheidungsträger für eine Problemlösung verwendet, desto größer ist sein Prestige, da er dann ein wichtiges Problem mit viel Zeitaufwand gelöst hat. Wenn nun im wirtschaftlichen Kontext ein Minimum an Zeit gefordert ist, so bewirkt das eine Verringerung des Prestiges. Ein festgesetzter Termin zur Beendigung einer Arbeit impliziert aus afrikanischer Sicht einen Vertrauensverlust und somit den Verlust von Ehre und menschlicher Würde.

In Südafrika stehen im Wirtschafts- und Geschäftsleben afrikanische und westliche Zeitkonzepte nebeneinander. Unter *weißen* Südafrikanern, aber auch unter der *schwarzen* und *farbigen* Elite werden Sie eher auf westliche Zeitkonzepte stoßen als bei anderen Subgruppen. Dies erklärt sich daraus, dass Angehörige dieser Subgruppen entweder mit westlichem Hintergrund erzogen wurden, im westlichen Ausland studiert oder mit westlich orientierten Menschen zusammengearbeitet haben. Es kann jedoch auch vorkommen, dass Ihr Gegenüber ein wenig zu spät kommt, um seinen Status zum Ausdruck zu bringen. Aus Gründen der Höflichkeit Ihnen als ausländischem Gast gegenüber wird er Sie jedoch nicht so lange warten lassen, wie dies vielleicht bei Angehörigen der eigenen Kultur der Fall wäre. Mit »Zeitverschiebungen« müssen Sie jedoch immer rechnen.

Sie handeln kulturangemessen, wenn Sie ein Verhalten, das dem traditionellen afrikanischen Zeitverständnis folgt, nicht als persönliche Beleidigung oder fehlende Wertschätzung Ihnen gegenüber auslegen. In der Handanweisung von Fadiman (2000, S. 66) für Geschäftsleute in Südafrika findet sich dazu folgende Textstelle:

»In the United States, if a man steals my car, sells it, and is then caught and jailed, I still may not retrieve my vehicle. In South Africa, if a man steals my cow, sells it, and is caught, he must return another cow of equal value as well as several goats to compensate my suffering. That analogy can appeal to African colleagues. By coming late or missing deadlines, I argue that they steal my ›sheep‹ (time) from me. By working late, they can return it – along with extra ›goats‹ (minutes) to compensate my suffering. Often, perhaps amused by my appeal to their tradition, they agree.«

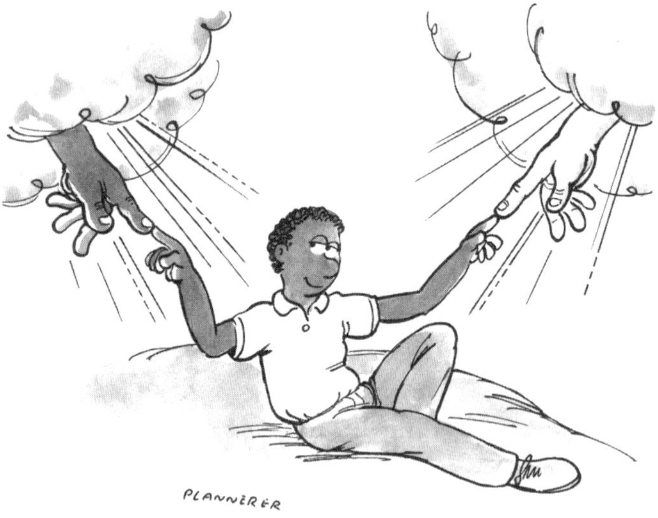

Themenbereich 10: Religion und Spiritualität

Beispiel 15: Das Geschäftsessen

Situation

Die Schlüsseldienstkette Fix Key, die auf dem europäischen Markt bereits fest etabliert ist, möchte nun nach Südafrika expandieren und versucht deshalb in Kapstadt einen ersten Marktzugang zu erschließen. Frau Sommer, die als deutsche Fachkraft für sechs Monate nach Südafrika entsandt wurde, bemüht sich nicht nur auf formeller Ebene mit potenziellen Geschäftspartnern ins Gespräch zu kommen, sondern lädt diese auch gelegentlich zum Essen zu sich nach Hause ein. Am Montagabend ist nun Herr Eliezar mit seiner Frau Jennifer zu Gast bei Frau Sommer. Das Ehepaar Eliezar wohnt im jüdischen Viertel von Kapstadt, Sea Point, und führt dort ein Geschäft für Tresore und Sicherheitsschlösser. Frau Sommer ist glücklich, dass der Abend gut anläuft und die Gesprächsatmosphäre angenehm ist – bis der *Samosa*-Gang kommt: Frau Sommer hat eigens *Samosa* – mit Hackfleisch gefüllte und oft stark gewürzte Blätterteigtaschen – ausgesucht, da diese eine nationale Spezialität sind. Als Frau Sommer erzählt, wo sie die *Samosa* eingekauft hat, legt das Ehepaar Eliezar Messer und Gabel beiseite. Frau Sommer erkundigt sich bei dem Ehepaar besorgt nach dem Grund für ihr Verhalten.

Welchen Grund gibt das Ehepaar an?

- Lesen Sie nun die Antwortalternativen nacheinander durch.
- Bestimmen Sie den Erklärungswert jeder Antwortalternative für die gegebene Situation und kreuzen Sie ihn auf der darunter

befindlichen Skala entsprechend an. Es ist möglich, dass mehrere Antwortalternativen den gleichen Erklärungswert besitzen.

Deutungen

a) Nach jüdischen Traditionen darf weder Schweine- noch Lammfleisch verspeist werden.

sehr zutreffend	eher zutreffend	eher nicht zutreffend	nicht zutreffend

b) Das Ehepaar Eliezar isst normalerweise nur vegetarisch und hat daher nur ein paar Anstandshäppchen genommen, um nicht unhöflich zu wirken.

sehr zutreffend	eher zutreffend	eher nicht zutreffend	nicht zutreffend

c) Das Ehepaar stellt durch die Angabe des Einkaufsortes fest, dass das Fleisch wahrscheinlich nicht koscher ist.

sehr zutreffend	eher zutreffend	eher nicht zutreffend	nicht zutreffend

- Versuchen Sie, Ihre Einstufung jeder Antwortalternative zu begründen. Halten Sie die Begründung in schriftlicher Form stichpunktartig fest.
- Lesen Sie nun die Erläuterungen zu jeder Antwortalternative durch und vergleichen Sie diese mit Ihren eigenen Begründungen.

Bedeutungen

Erläuterung zu a):
Durch die Zuwanderung östlicher Juden nach Mitteleuropa gibt es auch in Deutschland wieder mehr Kontakt zwischen Juden und Nichtjuden. Daher ist bei uns eine gewisse Sensibilisierung

hinsichtlich der jüdisch-rabbinischen Tradition festzustellen. Grundlage für das alltägliche Verhalten von orthodoxen wie liberalen Juden ist nach wie vor die Torah, die im Pentateuch des Alten Testamentes jedem zugänglich ist. Dort sind, überwiegend im Buch Leviticus, genaue Regeln aufgestellt, wie sich Juden in aller Welt zu verhalten haben. Natürlich gibt es Differenzen in der Auslegung, jedoch ist – auch in Südafrika – davon auszugehen, dass Essen, Kleidung und Schabbat stark ritualisiert sind und dem Alltag seine Prägung geben. Bei einem solchen Geschäftsessen hätte Frau Sommer wissen müssen, dass Juden grundsätzlich nur das Fleisch von Paarhufern essen, die zugleich Wiederkäuer sind (z. B. Rinder, Ziegen). Fleisch von Schweinen (sie sind keine Wiederkäuer) ist ebenso wenig erlaubt wie Fleisch von Unpaarhufern (Pferde, Esel). Auch Krallenvögel, wurmähnliche Tiere und bestimmte Fische werden nicht gegessen. Die Antwortalternative ist deshalb verkehrt, weil Lamm zu den beliebtesten Festspeisen der Juden gehört.

Erläuterung zu b):
Zwar wird man im multireligiös geprägten südlichen Afrika Gruppen und Familien antreffen – insbesondere unter den Hindus –, die strikt vegetarisch leben. Bei Juden ist dies jedoch kaum der Fall. Im Übrigen hätte sich die Gastgeberin tatsächlich bei den Eingeladenen erkundigen müssen, ob und welches Fleisch sie zu essen bevorzugen. Ausgeschlossen in diesem Fall ist übrigens, dass es sich bei den eingeladenen Juden um so genannte ultraorthodoxe Juden handelt, wie sie in Südafrika genannt werden (vgl. Exkurs: Jüdische Gemeinschaften in Südafrika). Ihnen ist nämlich eigen, dass Sie nur dort essen, wo es ihnen nach den Vorschriften der jüdischen Überlieferung erlaubt ist. Sie können also entweder bei ultraorthodoxen Freunden speisen oder in Restaurants einkehren, die gänzlich auf ihre Klientel eingerichtet sind. Beispielsweise darf das Geschirr nur von gläubigen Juden gereinigt werden, die dieselben Reinheitsvorschriften befolgen. Bei dem Ehepaar Eliezar handelt es sich also um Juden, denen es zwar nichts ausmacht in einem nichtjüdischen Haus zu essen, die es jedoch ebenfalls ablehnen Fleisch zu essen, das nicht koscher ist.

Erläuterung zu c):
Für die zahlreichen orthodoxen Juden, die besonders in Johannesburg und Kapstadt Gemeinschaften gebildet haben, gilt die unbedingte Forderung, dass Fleisch von solchen Tieren kommen muss, die von Gott für rein erklärt und als Opfertiere anerkannt worden sind. Dies gilt entsprechend für die Schlachtung und Zubereitung der religiös zugelassenen Tiere. Das Blut muss nämlich beim Schlachten vom Fleisch vollständig getrennt werden, da Juden der Verzehr von Blut grundsätzlich verboten ist. Ein so zubereitetes Stück Lamm ist koscher. Im Blick auf das hier beschriebene Ereignis ist es sehr wahrscheinlich, dass das eingeladene jüdische Ehepaar – wohl durch den Hinweis von Frau Sommer, wo sie das Fleisch gekauft habe – bemerkt hat, dass es sich hier um Hackfleisch handelt, das nicht als koscher anerkannt werden kann. Die Eliezars brechen wahrscheinlich schnell nach Beendigung des abendlichen Essens auf, um sich einer rituellen Reinigung zu unterziehen.

■ Exkurs: Jüdische Gemeinschaften in Südafrika

Die Anzahl südafrikanischer Juden mag zwar gering erscheinen, ihre Wirkung in der südafrikanischen Gesellschaft ist aber um so bedeutender. Mit 0,2 Prozent der Bevölkerung liegen sie nach Angaben des South Africa Survey (South African Institute of Race Relations 2001, S. 65) auf Platz 23 der religiösen Gemeinschaften in Südafrika. Eine Immigration von Juden aus Osteuropa fand bereits im 18. Jahrhundert statt. Handwerklich sehr gut ausgebildet spielten die Juden schnell, auch schon in vorindustrieller Zeit, eine wirtschaftlich tragende Rolle in ihrer neuen Heimat. Heute treffen Sie als Manager, der in urbanen Zentren in Südafrika tätig ist, in hervorgehobenen Positionen im Bereich des Handels, der Technologieentwicklung und des Handwerks mit hoher Wahrscheinlichkeit auf Persönlichkeiten jüdischen Glaubens. Gleiches gilt auch für den Bereich von Forschung und Bildung, sowie für die medizinische Versorgung. Zahlreiche jüdische Professoren lehren an den größten Universitäten des Landes. Viele südafrikanische Juden tragen deutsche Namen. Wenn Sie als Deutscher nun in Kontakt mit Menschen kommen, die deutsch klingende Namen tragen, so kann es durchaus sein, dass diese jüdischer Herkunft sind. Durch die eigene Lebens- und Familiengeschichte bedingt, kann es vorkommen, dass die Kommunikation mit Ressentiments und Reserviertheit gegenüber Deutschen belastet ist. Begründet ist dieser Sachverhalt darin, dass in den Dreißiger Jahren Tausende von Juden vor den Nationalsozialisten flohen und nach Südafrika immigrierten. Von Seiten deutscher Fachkräfte und Manager ist hier eine ausgeprägte Sensibilität gefragt und die Fähigkeit, mit den Untiefen historischer Ereignisse in aktuellen Interaktionssituationen umzugehen. Deutschen Führungskräften sollte auch bekannt sein, dass viele südafrikanische Juden nach ihrer Flucht aus Nazi-Deutschland während der Apartheidszeit in den Widerstand gegen das rassistische Regime gingen, das sich ideologisch stark am Faschismus orientierte.

Heute finden sich jüdische Gemeinschaften in den größeren Städten Südafrikas. Sie sind meist auf ein Stadtviertel konzentriert und relativ stark in sich geschlossen. Diese Viertel sind jüdisch geprägt, angefangen bei den Öffnungszeiten der Geschäfte, über hohe, privat organisierte Sicherheitsstandards, bis hin zu überdurchschnittlich geführten Bildungseinrichtungen. So können deutsche Manager bedenkenlos ihre Kinder ab dem Alter von einem Jahr in die vorschulischen Einrichtungen schicken, denn diese sind von qualifiziertem Personal geführt und nehmen auch nichtjüdische Kinder auf.

Sie können also damit rechnen, dass Sie mit vielfältigen jüdischen Traditionen, Verhaltensweisen und religiösen Einstellungen konfrontiert werden, die sie kennen sollten. Hierzu zählen Informationen über die Synagoge, den Schabbat und Essensvorschriften, die einen wesentliche Einfluss auf Ihre Kontakte mit Juden in Südafrika haben.

Die Synagoge (von griechisch »synagein«, »zusammenbringen«, »führen«) ist der Ort, der für Gebete, für das Lernen und für das Zusammentreffen mit anderen Menschen offen steht. Die Gottesdienste verlaufen häufig nicht so formell wie in anderen Gebetshäusern. Es gibt drei Gottesdienste täglich, bei denen die Synagoge als Ort des gemeinsamen Gebetes dient.

Der jüdische Schabbat beginnt etwa achtzehn Minuten vor dem Sonnenuntergang am Freitagabend und endet etwa vierzig Minuten nach Sonnenuntergang am Samstagabend. Kurz vor Sonnenuntergang am Freitag zünden Frauen auf der ganzen Welt Kerzen in den Häusern an, um den Schabbat einzuläuten. Es ist üblich, während des Schabbats drei festliche Essen einzunehmen. Das erste findet am Freitagabend nach dem Besuch der Synagoge statt. Der wichtigste Tag der Woche ist somit der Samstag. Für Menschen jüdischen Glaubens kann es daher schwierig werden, wenn geschäftliche und/oder soziale Termine, sowie Telefonate am Samstag stattfinden.

Die jüdischen Speisegesetze unterscheiden zwischen koscheren und nicht koscheren Nahrungsmitteln. Koschere Produkte werden in Südafrika mit dem Hinweis »Beth Din« gekennzeichnet. Enthalten die Produkte weder Fleisch noch Milch, so sind sie mit »Parev« kenntlich gemacht. Produkte, die Milch enthalten, tragen oftmals den Hinweis »milchik«. Der Verzehr von Blut ist für Juden absolut verboten. Daher muss das Blut beim Schlachten von Tieren, das nur von einem rituellen Schlachter vorgenommen werden darf, streng von den essbaren Teilen getrennt werden. Koscheres Fleisch stammt von Wiederkäuern, die zudem einen »gespaltenen Huf« haben. Hühner-, Enten- oder Gänsefleisch sowie Fische mit Flossen und Schuppen dürfen ebenfalls verzehrt werden. Auch Weine und Fruchtsäfte benötigen die Etikettierung als koscher. Streng praktizierende Juden, wie so genannte Ultraorthodoxe, werden nur in Restaurants essen, die als koscher gekennzeichnet sind. Die Bezeichnungen orthodox und ultraorthodox haben in Südafrika eine andere Bedeutung als in Deutschland. Während in Deutschland der Begriff orthodox auf Juden zutrifft, die sich streng an den Reinheitsvorschriften orientieren, und ultraorthodoxe Juden zusätzlich politisch konservativ handeln, meint in Südafrika der Begriff orthodox die Eigenschaft sich zum Judentum zu bekennen und Feste und Rituale zu befolgen. Ultraorthodox meint darüber hinaus eine besonders strenge und wortwörtliche Auslegung und Befolgung rabbulistischer Überlieferung.

■ Beispiel 16: Geplatzter Fototermin

■ Situation

Herr und Frau Bouman betreiben seit einigen Jahren ein Fotostudio in Tamberskloof, einem traditionell *weiß* geprägten Stadtteil von Kapstadt. Fotografische Aufnahmen werden heute bei ihnen von allen Bevölkerungsgruppen der Stadt nachgefragt, besonders wenn es um die Dokumentation familiärer Ereignisse wie Hochzeiten und Geburtstage geht. An diesem Tag hat sich das Hochzeitspaar Omari angesagt. Drei Generationen der muslimischen Großfamilie steigen aus ihren mit Blumen geschmückten Autos und begrüßen den Fotografen. Auch Frau Bouman kommt zur Begrüßung der angereisten Gesellschaft hinzu. Als sie die Tür öffnet, um aus dem Haus zu kommen, laufen ihre beiden Hunde – es sind gutmütige Rhodesian Ridgebacks – voller Freude über die vielen Gäste hinter ihr her. Zur Begrüßung beschnuppern die Hunde die Eltern des Hochzeitspaares. Diese erschrecken und weichen zurück. Herr und Frau Bouman entschuldigen sich sofort und überprüfen gemeinsam mit den Gästen, ob die Kleidung beschmutzt sei. Glücklicherweise kann festgestellt werden, dass dies nicht der Fall ist. Auch der Schreck vor den Hunden scheint verflogen, als Frau Bouman nun die Gäste ins Fotostudio bitten möchte. Diese machen einen unglücklichen Eindruck und sagen den Fototermin mit Bedauern ab. Herr und Frau Bouman können sich das Verhalten nicht recht erklären, denn die Kleidung hat ja keinen Schaden genommen.

Was ist der Hintergrund für die Absage des Fototermins?

- Lesen Sie nun die Antwortalternativen nacheinander durch.
- Bestimmen Sie den Erklärungswert jeder Antwortalternative für die gegebene Situation und kreuzen Sie ihn auf der darunter befindlichen Skala entsprechend an. Es ist möglich, dass mehrere Antwortalternativen den gleichen Erklärungswert besitzen.

Deutungen

a) Die Hochzeitsgesellschaft ist verärgert und möchte in einem Fotostudio, in dem solche Zwischenfälle passieren, nicht mehr fotografiert werden.

sehr zutreffend	eher zutreffend	eher nicht zutreffend	nicht zutreffend

b) Muslime müssen, nachdem sie Kontakt mit einem Hund hatten, aus religiösen Gründen sofort ihre Kleidung wechseln.

sehr zutreffend	eher zutreffend	eher nicht zutreffend	nicht zutreffend

c) Muslime müssen sich nach Kontakt mit einem Hund einer rituellen Reinigung unterziehen.

sehr zutreffend	eher zutreffend	eher nicht zutreffend	nicht zutreffend

- Versuchen Sie, Ihre Einstufung jeder Antwortalternative zu begründen. Halten Sie die Begründung in schriftlicher Form stichpunktartig fest.
- Lesen Sie nun die Erläuterungen zu jeder Antwortalternative durch und vergleichen Sie diese mit Ihren eigenen Begründungen.

Bedeutungen

Erläuterung zu a):
In seriösen Betrieben darf so etwas nicht vorkommen! Diese Idee drängt sich einem sofort auf, wenn man an einer solchen Situation beteiligt ist. Auch deutsche Unternehmer können sich, wenn sie beim Fototermin beschnuppert werden, indigniert abwenden und auf der Stelle das Fotostudio wechseln. Aber diese Erklärung greift in diesem Fall zu kurz. Zwar könnte es sich auch hier um eine individuelle Abneigung gegen Hunde handeln, dies ist aber eher unwahrscheinlich.

Erläuterung zu b):
Diese Erklärungsalternative ist in partieller Übereinstimmung mit den Lehren des Koran. Wir dürfen annehmen, dass sich gläubige Muslime in Südafrika auf jeden Fall an die praktischen Seiten des Islam halten. Besonders in der Diaspora neigen religiöse Gruppen dazu exaktes religiöses Handeln aus Identitäts- und Abgrenzungsgründen zu kultivieren. In diesem Beispiel reicht das Wechseln der Kleidung nicht aus. Es bedarf noch weiterführender Maßnahmen, die sie in einer anderen Antwortalternative finden.

Erläuterung zu c):
Waschungs- und Reinigungsrituale haben für die Muslime in aller Welt eine hohe Priorität. Selbst wenn in ariden Gegenden kein Wasser zur Verfügung steht, waschen sich Muslime mit dem Staub der Steppe und dem Sand der Wüste. Reinigungen sind immer dann vorzunehmen, wenn ein Muslim mit »Unreinem« in Kontakt gekommen ist. Hunde gelten nach dem Koran als besonders verachtenswert, denn sie fressen Aas. Sobald ein Muslim mit Hunden in Kontakt kommt – und sei es durch Beschnuppert- oder Angesprungenwerden – muss sofort eine rituelle Reinigung vollzogen werden. Wird keine Reinigung vorgenommen, bleibt der Körper des Betroffenen unrein. So können dann beispielsweise keine Gebete verrichtet werden. Zudem kann die Unreinheit auf andere Personen übergreifen. Deshalb ist es für die Brauteltern unbedingt notwendig, sich zu einer Waschung sofort zurückzuziehen und die Kleidung zu wechseln. Vermutlich werden sie demnächst ein anderes Fotostudio aufsuchen, in dem sich die Fotografen kultursensibel verhalten.

■ Exkurs: Muslimische Gemeinschaften

Der Ursprungs des islamischen Glaubens liegt in Arabien und lässt sich zurückführen auf den Propheten Mohammed, der 571 n. Chr. geboren wurde und 632 n. Chr. in Medina starb.Seit dem 9. Jahrhundert verbreitete sich der Islam durch arabische Händler in den Küstenbereichen Ost- und Südostafrikas. Heute leben die meisten südafrikanischen Muslime in Durban und Kapstadt. Insgesamt machen Sie 1,5 Prozent der Bevölkerung aus, das sind mehr als 600 000 Gläubige. Sie glauben, dass ein Mensch, der seine volle Aufmerksamkeit Gott schenkt, den vollkommenen Frieden in seiner Seele finden wird, denn Islam heißt nichts anderes als Unterwerfung, unbedingter Gehorsam und vollständige Untergebung unter den Willen Gottes.

Wenn Muslime den Namen Gottes, Allah, hören, ihn aussprechen oder lesen, sind sie dazu verpflichtet laut oder leise vor sich hin zu sprechen: »Salallahu alayhi wa sallam« (»Der Friede und der Segen Allahs sei mit ihm«). Dies Tradition hat sich auch bei Muslimen in der Diaspora erhalten.

Der Islam ist so flexibel angelegt, dass sich unter seinem Namen viele unterschiedliche Richtungen herausbilden konnten, die gleichzeitig diversen kulturellen Interpretationen unterliegen. Die muslimische Gemeinschaft in Südafrika setzt sich aus den unterschiedlichsten Richtungen zusammen, nicht zuletzt deshalb, weil die muslimischen Immigranten aus allen Teilen der Welt kommen, wie beispielsweise aus Indien, Malaysia, Sansibar oder Somalia. Dementsprechend haben sie spezifische Ausprägungen des Islam nach Südafrika mitgebracht, die ihrerseits auf bestimmte Religionsschulen zurückgehen.

Für deutsche Fach- und Führungskräfte ist dieser Sachverhalt insofern von Belang, als sie in unterschiedlichen Regionen wahrscheinlich auf Angehörige unterschiedlicher Strömungen treffen: In *Kwa-Zulu-Natal*, insbesondere im Einflussbereich Durbans, leben hauptsächlich Muslime indischer Abstammung, meist *Gujeratis*. Diese Gruppe ist vorwiegend unternehmerisch tätig. Hauptfelder ihrer Bemühungen sind Handel und Dienstleistungen. Außerdem findet man sie im Bereich des Gesundheitswesens und der Technologie. Diese Muslime legen einen ausgesprochenen liberalen und toleranten Lebensstil an den Tag. Mahatma Ghandi hat hier viele Jahre als Rechtsanwalt gewirkt und mit seiner Botschaft der Gewaltfreiheit dazu beigetragen, dass Menschen unterschiedlicher Religionen und *Rassen* in dieser Stadt sich gegenseitig respektieren und wertschätzen.

In der Provinz *West-Kap* finden Sie vorwiegend Nachkommen muslimischer Einwanderer aus Malaysia und Indonesien. Sie gehören zu den so genannten *Farbigen* und wohnen in den bis heute *farbig* geprägten Vierteln der Stadt und der Cape Flats. Unterschiedliche Herkunfts- und Siedlungsgebiete trennen also diese beiden Hauptgruppen südafrikanischer Muslime.

Deutsche Führungskräfte können zu durchaus unterschiedlicher Einschätzung dieser Gruppen kommen. Dennoch ist beiden Gruppen ein Fundament gemeinsam, das auf bestimmten religiösen Glaubenssätzen und Gewohnheiten basiert. Der Islam ruht auf fünf Säulen: Glaube (Iman), Gebet (Salah), Abgaben an die Armen (Zikar), Fasten (Saum) und Pilgern (Hajj). Der Glaube wird im Bekenntnis, der Shahada, in folgende Formel gebettet: »Ich erkläre, dass es keinen Gott außer Allah gibt. Und ich verkündige, dass Mohammed der Prophet Gottes ist.« Die Gebete finden fünfmal am Tag statt; vor dem Gebet finden rituelle Reinigungen statt. Abgaben werden in Form von Almosen an bestimmte Organisationen gezahlt, und zwar mit einer festgelegten Rate von 2,5 Prozent des Einkommens.

Was den Umgang zwischen südafrikanischen Muslimen und Deutschen betrifft, so ist das Wissen um die Bedeutung von Gebetszeiten und Essensgewohnheiten besonders wichtig. Für Menschen muslimischen Glaubens hat der Freitag eine besondere Bedeutung: Freitag ist der muslimische Sabbat. Allgemein besuchen männliche Muslime freitags während der Mittagszeit zwischen 12.30 Uhr und 14.00 Uhr die Moschee, um zu beten (Jum'a). In dieser Zeit ruht das geschäftliche Leben in den muslimischen Vierteln Südafrikas.

Nahrungsmittel, die nicht als »halal« bezeichnet werden können, werden als »haram« bezeichnet, was soviel bedeutet wie verboten. Regeln bezüglich des Essens lassen sich wie folgt zusammenfassen:

- Nahrungsmittel und Esswaren dürfen keinen Alkohol enthalten.
- Es darf kein Tier verspeist werden, dass nicht im Namen Allahs, sondern im Namen eines anderen Gottes oder von einer ungläubigen Person geschlachtet worden ist.
- Schweinefleisch darf nicht verzehrt werden, da Schweine als unrein gelten.

– Es dürfen keine Tiere gegessen werden, die nicht im rituellen Schlachtprozess geschlachtet worden sind.
– Fleisch darf kein Blut enthalten.

Halal und koscher zubereitete Nahrungsmittel sind nicht identisch! Beide müssen jeweils von Menschen zubereitet werden, die aus der entsprechenden Religionsgemeinschaft stammen und offiziell von der relevanten Gemeinschaft als Zubereiter anerkannt werden.

Werden Sie nun gemeinsam mit einer Begleitperson des anderen Geschlechts von Ihren muslimischen Kollegen oder Vorgesetzten zum Essen nach Hause eingeladen, so sollten Sie sich darauf einstellen, dass traditionell und üblicherweise Männer und Frauen getrennt voneinander essen, wenn es sich um eine formelle Situation handelt. Männer werden in der Regel zuerst bedient. Die Bedienung wird meist von Männern vorgenommen. Da Sie ein Gast sind, der aus Europa kommt, kann es gut sein, dass Ihr muslimischer Gastgeber sich auf die europäischen Gepflogenheiten einstellt und die Situation im westlichen Sinn gestaltet. Behalten Sie jedoch im Hinterkopf, dass muslimische Frauen bis heute, auch im urbanen Umfeld, Männern nicht die Hände schütteln und Männer nicht umarmen! Männer hingegen geben sich die Hände oder umarmen sich, wenn sie gute Freunde sind. Gegrüßt wird mit den Worten: »Assalamu Alaykum« (»Möge Friede mit dir sein«). Geantwortet wird darauf mit: »Wa Alaykum Salam« (»Auch mit dir sei Friede«).

■ Beispiel 17: Individualistische Freizeitgestaltung

■ Situation

Als Vertreter einer deutschen Mobilfunkkette arbeitet Herr Bauer seit einigen Monaten in einer Firmenfiliale in Pretoria. Trotz der ungewohnten Umgebung fühlt er sich recht wohl an seinem neuen Wohnort. Auch mit seinen Kollegen, die sich sehr um ihn bemühen, versteht er sich gut und er fühlt sich aufgehoben. Weil Herr Bauer während des Tages viele zwischenmenschliche Kontakte hat, verbringt er seine Freizeit gerne alleine mit Lesen, Joggen oder klassischer Musik. Seit seiner Ankunft kommt es jedoch vor, dass seine *schwarzafrikanischen* Kollegen ihn kurz nach Arbeitsschluss oder an den Wochenenden zu Hause ohne Vorankündigung besuchen. Sie bleiben dann für einige Stunden und bringen oftmals ein kleines Gastgeschenk mit. Wenn Sie Herrn Bauer auf der Straße treffen, erkundigen Sie sich, ob er denn immer alleine unterwegs sei und ob sie ihn begleiten könnten. Herr Bauer lehnt dies meistens ab und auch die ständigen Besuche werden ihm zu viel, weil er meint, seine Freizeitgestaltung würde dadurch beeinträchtigt. Seit einer Woche nun merkt er, dass sich seine Kollegen von ihm zurückziehen. Sie kommen weder auf Besuch bei ihm vorbei, noch suchen sie den Kontakt zu ihm während der Arbeitszeit. Herr Bauer wundert sich, woher dieser plötzliche Sinneswandel kommt.

Aus welchem Grund ziehen sich die Kollegen nach einigen Monaten von Herrn Bauer zurück?

- Lesen Sie nun die Antwortalternativen nacheinander durch.
- Bestimmen Sie den Erklärungswert jeder Antwortalternative für die gegebene Situation und kreuzen Sie ihn auf der darunter befindlichen Skala entsprechend an. Es ist möglich, dass mehrere Antwortalternativen den gleichen Erklärungswert besitzen.

■ Deutungen

a) Die Kollegen haben erwartet, dass Herr Bauer sie offiziell zu sich nach Hause einlädt. Dies hat er nicht getan, daher ziehen sie sich zurück.

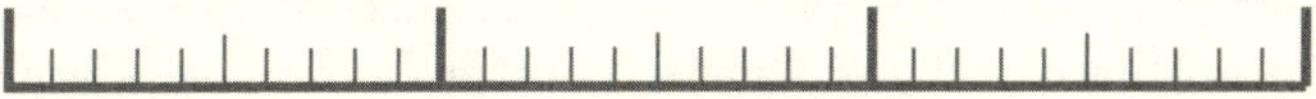

sehr zutreffend	eher zutreffend	eher nicht zutreffend	nicht zutreffend

b) Die Kollegen nehmen wahr, dass Herr Bauer kaum Bekannte hat und meist alleine ist. Sie haben die Befürchtung, dass Herr Bauer verhext wurde und ziehen sich daher zurück.

sehr zutreffend | eher zutreffend | eher nicht zutreffend | nicht zutreffend

c) Herr Bauer hat seinen Kollegen kein Gastgeschenk mitgebracht, als er bei ihnen eingeladen war.

sehr zutreffend | eher zutreffend | eher nicht zutreffend | nicht zutreffend

- Versuchen Sie, Ihre Einstufung jeder Antwortalternative zu begründen. Halten Sie die Begründung in schriftlicher Form stichpunktartig fest.
- Lesen Sie nun die Erläuterungen zu jeder Antwortalternative durch und vergleichen Sie diese mit Ihren eigenen Begründungen.

Bedeutungen

Erläuterung zu a):

Durch Einladungen werden wichtige zwischenmenschliche Kontakte und Freundschaften aufgebaut. Um Kontakte und Freundschaften zu knüpfen ist es wichtig, dass Einladungen auf Gegenseitigkeit beruhen. Die Kollegen warten daher in diesem Fall auch darauf, dass Herr Bauer sie zu sich nach Hause einlädt. Dies muss jedoch keineswegs offiziell geschehen oder im Zuge groß angelegter Feiern oder Partys. Vielmehr können gegenseitige Einladungen auch auf inoffizieller Ebene geschehen. Wichtig ist, dass Besuche auf Gegenseitigkeit beruhen und auf keinen Fall abgelehnt werden, denn aus traditionell afrikanischer Sicht sind Besuche eine gemeinschaftliche Verpflichtung. Aus Ihrer westlichen Sicht mag es eine Verschwendung der persönlichen Zeit und eine Bedrohung des privaten Raumes bedeuten. Für langfristige Kontakte kann es für Herrn Bauer hilfreich sein, wenn sich seine afrikanischen Partner bei ihm zu Hause und willkommen fühlen. Er signalisiert ihnen damit, dass er sich auf die afrikanische Art, Geschäfte zu machen, einlässt. Dazu bedarf es zwischen Kollegen keineswegs einer offiziellen Einladung.

Erläuterung zu b):
Gegenseitige Besuche sind ein üblicher Weg der Kontaktpflege und die Grundlage für geschäftliche und langfristige Beziehungen. Besuche werden im allgemeinen als obligatorisch angesehen, sie sind impulsiv und scheinen niemals ein Ende zu finden. Sie bilden gleichsam eine nicht endende Spirale reziproker Handlungen. Auch wenn besonders in urbanen Gebieten diese Traditionen langsam verebben, so wissen auch westlich orientierte *Schwarzafrikaner*, wann wer an welchem Ort warum zu besuchen ist. Wenn Sie sich von Besuchstraditionen ausschließen und lieber Ihre Freizeit alleine verbringen, so werden Sie mit Sicherheit als suspekt angesehen, wenn nicht sogar als verhext. Um Vertrauen zu gewinnen, müssen Sie sich mit den Menschen treffen und auseinander setzen. Sie werden sonst kaum ein Ihnen zugute kommendes Image aufbauen können. Die Kollegen von Herrn Bauer befürchten daher wirklich, dass Herr Bauer verhext wurde, da er weder von sich aus versucht Kontakte zu anderen Menschen aufzubauen noch angemessen auf deren Kontaktaufnahme reagiert und seine Freizeit am liebsten alleine verbringt. Sie haben daher Angst bekommen und sich entsprechend von Herrn Bauer distanziert. Genau dies ist der ausschlaggebende Grund für ihren Rückzug.

Erläuterung zu c):
Wenn Sie in Südafrika als Geschäftsfrau, Manager oder entwicklungspolitische Führungskraft tätig werden, leben Sie mit Sicherheit nicht nur dort, um zu arbeiten. Eng verknüpft mit geschäftlichen Treffen sind Einladungen, eventuell gemeinsame Freizeitgestaltung (vgl. b) und c)) und somit Gastgeschenke. Gastgeschenke haben eine lange Tradition in afrikanischen Kulturen und signalisieren die Hoffnung auf gute Verbindungen und den Willen sich den lokalen Gegebenheiten anzupassen. Es gibt drei Regeln für den Umgang mit Gastgeschenken:

- Übergeben Sie Ihr Geschenk zuerst, denn dies zeigt ihre Bemühungen um gute Geschäftsverbindungen und Freunde, sowie den Willen feste Bindungen einzugehen.
- Schenken Sie öfter und nicht nur einmal: Großzügigkeit hat

einen hohen Wert in Südafrika – besonders wenn Sie aus dem westlichen Ausland kommen.
- Übergeben Sie Gastgeschenke nur an ausgewählte Personen in Schlüsselpositionen, denn dies zeigt Ihren Partnern die Anerkennung der Einzigartigkeit der Beziehung.
- Ausgefallene Geschenke heben auch die schenkende Person besonders hervor und setzen sie in ein positives Licht.

In der beschriebenen Situation ist es möglich, dass die Kollegen ein Gastgeschenk von Herrn Bauer erwartet haben. Dies wäre jedoch für die Kollegen in der Regel kein ausschlaggebender Grund sich gänzlich von Herrn Bauer zurückzuziehen, vor allem nicht, weil sie wissen, dass Herr Bauer erst seit relativ kurzer Zeit in Südafrika ist und die geltenden Verhaltensregeln eventuell noch nicht beherrscht.

Beispiel 18: Rituale im Arbeitsalltag

Situation

Herr Sotho betreibt in der Provinz *Mpumalanga* ein Warenlager für Haushaltsgegenstände, die aus Recyclingmaterialien hergestellt werden. Ein deutscher Geschäftsmann, Herr Knobloch, interessiert sich für dieses Segment im regionalen Handel und möchte gerne in eine Zusammenarbeit einsteigen. Zu dem Zweck sucht er das Büro von Herrn Sotho auf. Er wird begrüßt und bekommt von Herrn Sotho gleich einen Platz angeboten. Herr Knobloch schaut sich ein wenig in dem Büro um, und sein Blick bleibt an einer flachen Schale haften, in der mehrere, scheinbar abgegessene Vogelgerippe mit Sehnen und Knorpeln zu sehen sind, die direkt vor ihm auf dem Büroschreibtisch steht. Ekel durchfährt den deutschen Geschäftsmann und er kann sich kaum noch auf das Gespräch konzentrieren. Aus diesem Grund bittet er Herrn Sotho schließlich, die Essensreste vom Vortag doch bitte entfernen zu lassen. Herr Sotho ist leicht irritiert, stellt die Schale jedoch lediglich auf das Fensterbrett hinter sich. Die Gesprächsatmosphäre scheint gestört. Herr Sotho bittet den

Deutschen schließlich in der kommenden Woche noch einmal vorzusprechen.

Warum vertagt Herr Sotho das Gespräch?

- Lesen Sie nun die Antwortalternativen nacheinander durch.
- Bestimmen Sie den Erklärungswert jeder Antwortalternative für die gegebene Situation und kreuzen Sie ihn auf der darunter befindlichen Skala entsprechend an. Es ist möglich, dass mehrere Antwortalternativen den gleichen Erklärungswert besitzen.

■ Deutungen

a) Direkte Bitten entsprechen nicht dem südafrikanischen Kommunikationsstil.

sehr zutreffend	eher zutreffend	eher nicht zutreffend	nicht zutreffend

b) Herr Sotho ist irritiert, dass Herr Knobloch keinen Sinn für seine Opfergaben hat und unterbricht daher das Gespräch.

sehr zutreffend	eher zutreffend	eher nicht zutreffend	nicht zutreffend

c) Herr Sotho versteht die Bitte von Herrn Knobloch als Kritik. Er fühlt sich verletzt und bricht daher das Gespräch ab.

sehr zutreffend	eher zutreffend	eher nicht zutreffend	nicht zutreffend

- Versuchen Sie, Ihre Einstufung jeder Antwortalternative zu begründen. Halten Sie die Begründung in schriftlicher Form stichpunktartig fest.
- Lesen Sie nun die Erläuterungen zu jeder Antwortalternative durch und vergleichen Sie diese mit Ihren eigenen Begründungen.

Bedeutungen

Erläuterung zu a):
Es ist richtig, dass in weiten Teilen des südlichen Afrika, insbesondere bei *Bantu*-Ethnien, indirekte Kommunikationsstile vorherrschen. Daher wird von deutschen Geschäftsleuten im Allgemeinen erwartet, dass sie sich eines solchen Stils bedienen, wenn sie Gespräche mit ihren Partnern führen. In Südafrika hat sich in den letzten Jahren jedoch der Kommunikationsstil bei Angehörigen von *Bantu*-Ethnien zunehmend verändert. Neben dem indirekten Stil hat sich im Kontakt mit anderen südafrikanischen Bevölkerungsgruppen ein eher direkter Kommunikationsstil entwickelt, bei dem Bitten höflich und relativ direkt geäußert werden können. Bei Südafrikanern westlicher Herkunft, wie auch bei denen, die zu den *farbigen* Bevölkerungsgruppen gehören, ist der Kommunikationsstil im Vergleich zu *bantu*-ethnischen Gruppen schon immer eher direkt gewesen. In den urbanen Wirtschaftszentren Südafrikas ist die Gesprächsführung ohnehin tendenziell westlich geprägt und somit direkter als in traditionell-afrikanisch geführten Gesprächen. Selbst wenn Herrn Sotho die Art der direkten Bitte unangenehm wäre, würde er vermutlich ein wichtiges Geschäftsgespräch aus diesem Grund nicht abbrechen, denn viele Südafrikaner wissen, dass westlich orientierte Personen einen solchen Stil verinnerlicht haben. Die Antwortalternative ist zudem sehr generell formuliert und auch daher nicht zielführend.

Erläuterung zu b):
Es ist gut nachvollziehbar, dass Herr Knobloch den Wunsch äußert, den Teller mit den vermeintlichen Essensresten wegräumen zu lassen, da ihm eine solche Situation für ein sachliches Geschäftsgespräch nicht geeignet scheint. Freilich ist es Herrn Knobloch entgangen, dass Herr Sotho dem Teller eine völlig andere Bedeutung und Wichtigkeit beimisst. Viele Angehörige *bantu*-sprachiger Ethnien pflegen eine enge magische Beziehung zu ihren Ahnen und Geistern. Sie sind es, die in das Leben der Familien eingreifen, die Erfolg und Misserfolg bestimmen, alle möglichen Vorhaben positiv oder negativ beeinflussen und Har-

monie in menschliche Beziehungen bringen. Herrn Sotho ist es daher sehr wichtig, dass in seinem Geschäftsbereich, sogar auf dem Schreibtisch in seinem Büro, jederzeit eine Opfergabe für seine Familienahnen bereitsteht. Es können auch Gaben sein, die einfach dazu da sind, bedrohliche Geister oder Mächte zu beschwichtigen. Wenn man diese Hintergründe kennt, ist es leicht nachzuvollziehen, dass Herr Sotho über die Reaktion von Herrn Knobloch irritiert ist. Er möchte mit Sicherheit keine Geschäftsbeziehungen zu einem Partner aufbauen, der weder weiß, dass es sich um Opfergaben handelt, noch ihnen Interesse und Respekt entgegenbringt. Natürlich hat Herr Sotho auch Angst, dass ein solcher Geschäftspartner die Ahnen und Geister verärgern könnte und damit Schaden für das Geschäft oder die Familie anrichten könnte. Daher entscheidet sich Herr Sotho, lieber auf das Geschäft und einen solchen Geschäftspartner zu verzichten.

Erläuterung zu c):
Es ist durchaus möglich, dass die Interventionsbitte des Herrn Knobloch als völlig unpassend empfunden wird. Wohl kaum ein Geschäftsmann lässt sich im Eingangsgespräch von einem bisher unbekannten Geschäftspartner sagen, wie er sein Büro aufzuräumen und zu gestalten hat. Ein solche Bitte kann daher wirklich als Kritik aufgefasst werden, die bei vielen *Bantu*-Ethnien als Kritik an der eigenen Person empfunden und als sehr unhöflich klassifiziert wird. Person und Sache werden nicht als getrennt erlebt und es kann sehr wohl sein, dass Herr Sotho sich hier verletzt fühlt. Dies ist jedoch nicht allein ausschlaggebend für die frühzeitige Beendigung des Gesprächs.

■ Kultureller Hintergrund: Religion und Spiritualität in *bantu*-sprachigen Ethnien

Der weitaus größte Teil der Bevölkerung Südafrikas ist von ursprünglich *bantuistischen* Religionsvorstellungen geprägt. Auch wenn seit der Zeit der burischen, englischen und indischen Einwanderungswellen andere so genannte Hochreligionen einen herausragenden Platz in den Handlungsorientierungen der Menschen eingenommen haben, so ist der kollektive »Urgrund« autochthoner Glaubenskonzepte erhalten geblieben. Es ist für die meisten Angehörigen von *Bantu*-Gruppen kein Widerspruch, wenn sie sich einerseits zu den Grundüberzeugungen eingewanderter Hochreligionen bekennen und andererseits in existenziellen Bereichen ihrer Lebensführung und bei Handlungsentwürfen auf »alte« Formen von Gottesglauben, auf Geister, Magie und Ahnenverehrung zurückgreifen. Im traditionellen afrikanischen Glauben spielen Mythen um die Entstehung der Welt, natürlicher Phänomene und sozialer Sitten eine große Rolle. Rituale werden praktiziert, besonders die Verbindung ritueller Handlungen mit bestimmten Wortfolgen und Versen. Oftmals werden Gebete und Rituale mit der Verehrung der Vorfahren verknüpft, da diesen eine herausragende Rolle im Leben der Menschen zukommt. Auch wenn der Glaube oftmals zu Hause praktiziert wird – denn Glauben ist stark gebunden an Familie, Clan und die Führung durch die Clanältesten beziehungsweise durch die Menschen, die durch Geburt in die Position des spirituellen Führers gelangen – gibt es bestimmte heilige Orte, an denen gebetet und geopfert wird. Weiterhin impliziert traditioneller afrikanischer Glauben einen festgelegten moralischen Code und den Respekt vor dem Leben, der sich unter anderem durch das Praktizieren von *Ubuntu* ausdrückt.

Wesen, Gestalt und Wirken des Gottes *Unkulunkulu* ist zwar erfahrbar, aber nicht abbildbar. So kennen *Zulu* Gott als »den Weisen« und deuten seine Macht politisch. Gott kann »Majestäten niederbeugen und brüllen, dass alle Völker vor Schrecken erstarren. Gott ist der aus sich selbst Seiende bei den *Zulus,* er wird *Unkulunkulu,* d. h. der ›Groß-Große‹ genannt. Gott wird als Geistwesen mit anthropomorphen Zügen betrachtet. Es gibt keine Artefakte oder körperlichen Darstellungen Gottes. *Unkulunkulu* wirkt durch seine Anordnungen, die das Leben in Großfamilie und Clan strukturieren. So sind Ehe und Beschneidung nach *Zulu*-Vorstellungen von Gott angeordnet« (Mbiti 1990, S. 33 ff.).

Zu den wichtigen Pubertätsriten gehört bei den *Ndebele* die Reifefeier. Sie markiert den Umbruch zur Geschlechtsreife. Hatte ein Junge seinen ersten Samenerguss, so geht er nackt zum Wasser, um sich zu waschen. Bei seiner Rückkehr wird er von anderen Jungen mit Stöcken geschlagen und flieht in den Busch. Dort wird er von anderen Jungen bewacht und nimmt zwei Tage lang keine Speise zu sich. Wieder aus der Seklusion zurück, wird er von einem Medizinmann gelehrt, einen mit Arznei und Maisbrei umklebten Stock mit dem Mund aufzufangen. Gelingt dem Novizen das, erhält er drei bis vier Stockschläge durch den Medizinmann und wird hinterher von den Verwandten beschenkt. Ein Mädchen ist nach seiner ersten Mens und einer langen rituellen Waschung heiratsfähig. Es darf nun einen Rock tragen, damit sein neuer Status für alle sichtbar ist. Zentrale Initiationsriten, die im heutigen Südafrika eine herausragende Rolle spielen, werden weitgehend geachtet und gepflegt. Steht der Vollzug eines Ritus an, so wird in Schule und Betrieb Urlaub genommen. In jüngerer Zeit sind die Reifefeiern deshalb verstärkt in die Schlagzeilen der Medien gerückt, weil sich in Südafrika die Aufmerksamkeit der Medienöffentlichkeit auf die menschenrechtlich problematischen Seiten von Initiationsritualen gerichtet hat.

Unkulunkulu schickt Segen. So lernen *Zulu*-Kinder, dass die Quelle alles Seienden droben strömt und dass Gott es ist, der den Menschen Leben und Wohlstand verleiht. Ohne Gottes Erhaltungswillen würde die Menschheit vom Erdboden verschwinden. *Zulu* berichten, Menschen und Vieh seien ein- und demselben Ort entsprungen und Gott habe die Menschen angewiesen: »Diese sollen euch als Nahrung dienen. Verzehret ihr Fleisch und trinket ihre Milch!« Wenn Rinder vom Blitz erschlagen werden, sagt man, Gott habe von seinem Eigentumsrecht Gebrauch gemacht und für seinen Bedarf geschlachtet, was für das Dorf, wo sich solches zuträgt, als segensreich gilt. Gott sendet den Menschen nach Glauben der *Tswana* und *Venda* aber auch Heimsuchungen: Naturereignisse wie Hagelschlag sehen die *Tswana* als Gottes Strafe für die Verletzung althergebrachter Sitten an. Nach dem Glauben der meisten *Bantu*-Ethnien kennt Gott heilige Orte seiner Präsenz und Verehrung: Die *Venda* halten bestimmte Steine und Felsen für heilig, die wegen ihrer »energetischen Dichte« gleichzeitig auch bei Zeremonien des Regenmachens genutzt werden. Dieser Sachverhalt ist oft von westlichen Eigentumsinteressen übersehen worden, wenn es darum ging, nach Gold und Diamanten zu schürfen.

Ein spirituelles Medium Gottes ist der *Sangoma,* durch den die

Energien und der Geist verstorbener Familienmitglieder sprechen können. Auch Familienmitglieder können ihrerseits über einen *Sangoma* Kontakt zu den Vorfahren herstellen. In der Kolonialzeit wurde angenommen, dass der *Sangoma* eine Art Hexer sei. Diese Ansicht wird auch heute noch oft vertreten. Tatsächlich ist er lediglich ein Medium zwischen den lebenden Menschen und den Ahnen beziehungsweise Gott. Ein *Sangoma* wird in sein Amt durch einen Traum oder eine Vision berufen. Wenn ein Mensch nun einen solchen Ruf erhält, muss er ihm folgen, ob er will oder nicht. Folgt er ihm nicht, so wird angenommen, dass ihn eine Strafe – meist in Form einer schweren Krankheit – treffen wird. In den Städten ist es daher gegenwärtig üblich, dass *Sangomas* tagsüber in einem westlich geprägten Umfeld tätig sind und nach Arbeitsende oder Dienstschluss ihrer Arbeit als *Sangoma* nachgehen. So vereinigen sie westliche und traditionell-afrikanische Welt in sich und in ihrem Alltag.

Hinweise zur Sicherheit

Südafrikas Kriminalitätswelle ist noch nicht völlig außer Kontrolle geraten. Gerade in den letzten Jahren hat die Regierung versucht, in Zusammenarbeit mit FBI und Interpol dem organisierten Verbrechen entgegenzuwirken. Zudem gibt es immer mehr private Sicherheitsdienste, die in wohl situierten – zumeist *weißen* – Wohngebieten tätig sind. In den *Townships* hingegen sind die dort lebenden Menschen entweder auf die staatliche Polizei angewiesen, die völlig überlastet ist, oder aber auf die Selbstjustiz der Anwohner, die sehr häufig zu illegalen, kriminellen Handlungen führt.

Trotz einer im internationalen Vergleich hohen Kriminalitätsrate kommen weiterhin viele Firmen nach Südafrika, die sich entsprechender multinationaler Sicherheitsdienste bedienen und auf *Early Warning, Camouflage, Evasion* und *Counterattack* (Fadiman 2000, S. 177 ff.) als Sicherheitssysteme zurückgreifen. Zudem werden Mitarbeiter, die mit den lokalen Gegebenheiten gut vertraut sind, auf die Früherkennung krimineller Akte trainiert, um ein firmeninternes »Warnnetzwerk« zu errichten. Viele Unternehmen verbinden ihre Bemühungen um größtmögliche Sicherheit mit einer *neighbourhood watch*, deren Angehörige mit den Firmen kooperieren. Zudem werden gerne Mitarbeiter aus der Nachbarschaft eingestellt, weil sie ein eigenes Interesse an der Sicherheit der Firma in ihrer Nähe entwickeln.

Südafrikas Kriminalitätsrate wird auf das Doppelte des Weltdurchschnitts geschätzt. 1997 wurden in Südafrika durchschnittlich pro Tag 65 Morde, 300 bewaffnete Überfälle, 42 Fälle von *Carjacking* (Autokidnapping), 262 Autodiebstähle, und 66 Vergewaltigungen gezählt (Younghusband 1997). Die Dunkelziffer scheint dabei nicht gerade gering zu sein. Es wird angenommen, dass 55 Prozent der Gewalttaten nicht gemeldet werden. In den Zentren der Großstädte, die teilweise schon komplett mit Kameras überwacht werden, passiert nach Ladenschluss und an den Wochenenden ein Großteil der gewalttätigen Übergriffe. Gleiches gilt für bestimmte Autostraßen in Großstädten, die für Überfälle bekannt sind. Oftmals orientieren sich Gangs an bestimmten Zeiten, an denen Sie an bestimmten Orten ihre Überfälle durchführen. Sie sehen sich nicht als Kriminelle an, sondern definieren Diebstähle als Akte der Versöhnung, der Wiedergutmachung und der Rückzahlung im Blick auf die jahrelange Unterdrückung, als Kompensation. *Carjacking* wird – so kann man es oftmals hören – als Wiederaneignung bezeichnet. Kurzum, eine ganze Generation junger, urban geprägter Männer ist immer noch im Krieg mit dem Rest der Nation. Die Auswirkungen der Apartheid sind auch hier noch höchst lebendig.

Ein wichtiger Faktor im gesellschaftlichen und kulturellen Umgang ist HIV/AIDS. Ganz abgesehen von den Auswirkungen der Krankheit auf Südafrikas Ökonomie bringt sie noch ein anderes Phänomen mit sich, nämlich eine hohe Bereitschaft zu Gewalt und Kriminalität. Ist eine Person erst einmal infiziert und weiß, dass sie nur noch eine kurze Lebenserwartung hat, senkt sich die Schwelle zur Gewaltbereitschaft und die Neigung zu kriminellen Akten steigt. Einerseits stellt Gewalt möglicherweise ein Ventil für Ängste, Frustrationen, Depressionen und Aggressionen dar, andererseits haben Menschen mit kurzer Lebenserwartung »nicht mehr viel zu verlieren« und streben nach einer höheren Lebensqualität. So schrecken besonders (junge) infizierte Männer auch aus diesem Grund nicht vor bewaffneten Raubüberfällen bis hin zu Morden zurück

Firmen werden sich mit Blick auf die ökonomische Sicherheit mit dem Krankheitsthema auseinander setzen müssen. Das *Department of Health* gibt für den Umgang mit AIDS am Arbeitsplatz folgende Hinweise:

- Entwickeln Sie eine firmeneigene HIV-/AIDS-Politik im Rahmen bestehender Gesetze und Richtlinien.
- Berücksichtigen Sie die Versorgung infizierter Mitarbeiter mit Medikamenten, Behandlungen und guten Krankenversicherungen, sowie mit Möglichkeiten der Frühpensionie-

rung/Frührente im Falle einer frühzeitigen Arbeitsunfähigkeit.
- Entwickeln Sie ein eigenes Programm zur Prävention und HIV-/AIDS-Fürsorge, das Bewusstseinsschulungen, kostenlose Ausgabe von Kondomen, die Behandlung von sexuell übertragbaren Krankheiten und den Umgang mit infizierten Mitarbeitern und Kollegen umfasst.

Die Frage liegt nahe, warum Firmen – wenn die Risiken doch so hoch sind – immer noch in Südafrika investieren, warum Manager Joint Ventures abschließen und Führungskräfte dort arbeiten wollen. Südafrika gilt als Nation voller Hoffnung im Kampf um Frieden, Gleichheit und Gerechtigkeit für die jetzige und die kommenden Generationen unterschiedlichster kultureller Herkunft (Sparks 1996, S. 229):

»Never, never, never shall it be that this beautiful land will ... experience the oppression of one by another ... We shall build a society in which all South Africans ... black and white, will be able to walk tall, assured of their ... right to human dignity.« (Nelson Mandela).

Literaturhinweise für Fach- und Führungskräfte

Ahiauzu, A. (1986): The african thought system and the work behaviour of the african industrial man. *International Studies of Man and Organizations 16*(2): 37–58.

Eliou, B.; Strieman, M. (2001): *Clued up on Culture. A practical guide for South Africa.* Camps Bay.

Ertner, R.M. (2002): *Investitionsziel Südafrika. Chancen und Risiken im 21. Jahrhundert.* Kapstadt.

Fadiman, A.J. (2000): *South Africa's Black Market. How to do business with Africans.* Yarmouth.

Landis, D. (Hg.) (2003): Across or beyond racialised divide? Current perpectives on »race«, racism and »intercultural« relations in »post apartheid« South Africa. *International Journal of Intercultural Relations 27*(2).

Mandela, N. (1994): *Long Walk to Freedom.* London.

Mayer, C.-H.; Boness, C. (2003): *Südafrikanische Kulturstandards. Afrika-Spectrum 2.* Institut für Afrika-Kunde. Hamburg.

Mayer, C.-H.; Boness, C. (2004): *Interkulturelle Mediation und Konfliktbearbeitung – Bausteine deutsch-afrikanischer Wirklichkeiten.* Münster, New York.

Mayer, C.-H.; Boness, C.; Thomas, A. (2003): *Beruflich in Kenia und Tansania.* Göttingen.

Menker, D. (1995): Soweto, South Africa: Brisk business in Townships. *Business Week* (25 September): 126.

Morris, R. (1992): *Marketing to Black Townships: Practical Guidelines.* Kapstadt.

Schissel, H. (1989): Africa's underground economy. *Africa Report* (January-February): 43–46.

Seddon, J. (1989): The development and indignation of Third World business: African values in the workplace. In: *Current Research in Management.* London, Dover, S. 43–46.

Temko, N. (1984): S. Africa firm finds black-white power-sharing pays. *Christian Science Monitor* (July).

Van Zyl, M. (1992): The informal sector. *The Black Market Report 7*(8, 31 January): 8.

Literaturverzeichnis

Coetzee, P.H. (1998): Particularity in morality and its reaction to community. In: Coetzee, P.H.; Roux, A.P.J. (Hg.), *Philosophy from Africa. A Text with Readings.* Johannesburg, S. 275–291.

Erasmus, Z. (2001): Re-imagining coloured identities in post-Apartheid South Africa. In: Erasmus, Z. (Hg.), *Coloured by History, Shaped by Place. New Perspectives on Coloured Identities in Cape Town.* Social Identities South Africa Series. Cape Town.

Ertner, R.M. (2002): *Investitionsziel Südafrika. Chancen und Risiken im 21. Jahrhundert.* Kapstadt.

Fadiman, A.J. (2000): *South Africa's Black Market. How to do business with Africans.* Yarmouth.

Goldin, I. (1983): Coloured identity and coloured politics in the Western Cape Region of South Africa. In: Vail, L. (Hg.), *The Creation of Tribalism in Southern Africa.* Berkeley, Los Angeles.

Hirschberg, W. (1975): Khoisan sprechende Völker Südafrikas. In: Baumann, H. (Hg.), *Die Völker Afrikas und ihre traditionellen Kulturen. Teil 1. Allgemeiner Teil und Südliches Afrika.* Wiesbaden, S. 387.

Jeppie, S. (2001): Re-classifications: Coloured, Malay, Muslim. In: Erasmus, Z. (Hg.), *Coloured by History, Shaped by Place. New Perspectives on Coloured Identities in Cape Town. Social Identities South Africa Series.* Cape Town.

Kotzé, H.J. (1997): Culture, ethnicity and religion: South African perceptions of social identity. In: Konrad-Adenauer-Stiftung (Hg.), *Occasional Papers April 1997.* Johannesburg.

Mbiti, J.S. (1990): *African Religions and Philosophy.* 2. Aufl. Oxford.

More, M.P. (1998): Outlawing racism in philosophy: On race and philosophy. In: Coetzee, P.H.; Roux, A.P.J. (Hg.), *Philosophy from Africa. A Text with Readings.* Johannesburg, S. 364– 373.

Naudascher-Schlag, K.; Schillinger, H.R. (1994): Von der Rassentrennung zur Regenbogennation. In: Zugehör, R. (Hg.), *Kap der besseren Hoffnung?* Bad Honnef.

Patterson, S. (1975): Some speculations on the status and role of the free people of colour in the Western Cape. In: Meyer Fortes; Patterson, S. (Hg.), *Studies in African Social Anthropology.* London, S. 161–205.

Prinsloo, E.D. (1998): Ubuntu culture and participatory management. In: Coetzee, P.H.; Roux, A.P.J. (Hg.), *Philosophy from Africa. A Text with Readings.* Johannesburg, S. 41–51.
Schissel, H. (1989): Africa's underground economy. *Africa Report* (January-February): 43–46.
South African Institute of Race Relations (Hg.) (2001): *South Africa Survey 2000/2001.* Johannesburg.
Sparks, A. (1996): *Tomorrow is another Country.* Chicago.
Thomas, A. (Hg.) (1996): *Psychologie interkulturellen Handelns.* Göttingen.
Thomas, A. (1999): Kultur als Orientierungssystem und Kulturstandards als Bauteile. *IMIS-Beiträge 10:* 91–130.
Thomas, A.; Kinast, E.-M.; Schroll-Machl, S. (Hg.) (2003): *Handbuch interkultureller Kommunikation und Kooperation.* Göttingen.
Younghusband, P. (1997): The end of the dream. *Daily Mail* (24 June).
Yunis, M. (1997): *CEO, Grameen (Countryside) Bank, Bangladesh.* Radio Broadcast, May 1997. »All things considered«, KQOD, San Francisco.

Für Deutsche und alle, die mit ihnen zu tun haben

Sylvia Schroll-Machl berichtet auf dem Hintergrund langjähriger Praxis als interkulturelle Trainerin und Wissenschaftlerin über viele typische Erfahrungen mit uns Deutschen und typische Eindrücke von uns. Es geht ihr aber auch darum, diese Erlebnisse und Erfahrungen aus deutscher Sicht zu beleuchten, damit die nichtdeutschen Partner entdecken, wie wir eigentlich das meinen, was wir sagen und tun. Zudem beschäftigt sich die Autorin auch mit den kulturhistorischen Hintergründen, die uns Deutsche prägen.

„Lesen Sie es und Sie werden es nicht bereuen, so viel über sich selbst erfahren zu haben.“

interna

Sylvia Schroll-Machl

Die Deutschen – Wir Deutsche

Fremdwahrnehmung und Selbstsicht im Berufsleben

2. Auflage 2003.
216 Seiten mit 2 Abbildungen und 1 Tabelle, kartoniert
ISBN 3-525-46164-X

V&R
Vandenhoeck & Ruprecht

Handlungskompetenz im Ausland

Trainingsprogramm für Manager, Fach- und Führungskräfte.

Stefan Schmid /
Alexander Thomas

Beruflich in Großbritannien

2003. 169 Seiten mit 11 Cartoons, kartoniert
ISBN 3-525-49051-8

Marlis Martin /
Alexander Thomas

Beruflich in Indonesien

2002. 177 Seiten mit 11 Cartoons, kartoniert
ISBN 3-525-49052-6

Sylvia Schroll-Machl /
Ivan Nový

Beruflich in Tschechien

2003. 144 Seiten mit 8 Cartoons, kartoniert
ISBN 3-525-49055-0

Tatjana Yoosefi /
Alexander Thomas

Beruflich in Rußland

2003. 132 Seiten mit 8 Cartoons, kartoniert
ISBN 3-525-49056-9

Alexander Thomas /
Eberhard Schenk

Beruflich in China

2001. 148 Seiten mit 11 Cartoons, kartoniert
ISBN 3-525-49050-X

Sabine Foellbach /
Katharina Rottenaicher /
Alexander Thomas

Beruflich in Argentinien

2002. 149 Seiten mit 10 Cartoons, kartoniert
ISBN 3-525-49053-4

Claude-Hélène Mayer /
Christian Bones /
Alexander Thomas

Beruflich in Kenia und Tansania

2003. 154 Seiten mit einigen Cartoons, kartoniert
ISBN 3-525-49054-2

Andreas Brüch /
Alexander Thomas

Beruflich in Südkorea

2., überarbeitete Auflage 2004. Ca. 150 Seiten mit einigen Cartoons, kartoniert
ISBN 3-525-49058-5

V&R
Vandenhoeck & Ruprecht